U0226376

石河子大学经管学术文库

国家社科基金西部项目"西部地区资源环境承载能力监测预警机制研究"（项目编号：14XMZ094）

"三生空间"视角下西部地区资源环境承载力监测预警研究

支小军◎著

STUDY ON MONITORING AND EARLY WARNING OF
RESOURCES AND ENVIRONMENT CARRYING CAPACITY IN
WESTERN CHINA FROM THE PERSPECTIVE OF
"PRODUCTION-LIVING-ECOLOGICAL" SPACE

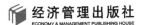

经济管理出版社
ECONOMY & MANAGEMENT PUBLISHING HOUSE

图书在版编目（CIP）数据

"三生空间"视角下西部地区资源环境承载力监测预
警研究 / 支小军著. -- 北京：经济管理出版社，2024.
ISBN 978-7-5096-9788-7

Ⅰ. X321.2

中国国家版本馆 CIP 数据核字第 2024X32A82 号

组稿编辑：郭　飞
责任编辑：郭　飞
责任印制：许　艳
责任校对：王淑卿

出版发行：经济管理出版社
　　　　　（北京市海淀区北蜂窝 8 号中雅大厦 A 座 11 层　100038）
网　　　址：www.E-mp.com.cn
电　　　话：（010）51915602
印　　　刷：唐山玺诚印务有限公司
经　　　销：新华书店
开　　　本：720mm×1000mm/16
印　　　张：13.75
字　　　数：212 千字
版　　　次：2024 年 12 月第 1 版　　2024 年 12 月第 1 次印刷
书　　　号：ISBN 978-7-5096-9788-7
定　　　价：88.00 元

前　言

　　自改革开放以来，随着工业化、城镇化的快速发展，我国各类资源与环境空间的开发利用程度不断加深，由于资源环境保护力度滞后，且进一步呈现出高强度的开发态势，导致社会经济发展与资源环境条件支撑之间的矛盾日益凸显。新形势下，随着社会经济发展对资源和环境空间消费需求的刚性增长，本已短缺的各类资源和有限环境空间将面临更大的压力。西部地区面临的形势则更为严峻，西部大开发虽然带来了西部地区社会经济的长足发展，但是也带来了严重的环境污染和生态退化问题，且由于生产空间、生活空间过度挤占生态空间，生态系统正面临较大压力，整体处于不安全的状态。如何科学应对社会经济发展与资源环境保护之间的矛盾与冲突，实现人与自然的和谐共生，成为社会各界共同关注的焦点。本书通过系统梳理相关研究文献，全面归纳和总结了资源环境承载力监测预警研究的学术争议问题，提出解决问题的研究假说并予以演绎推理，从"三生空间"（生产空间、生活空间、生态空间）视角，探索创新资源环境承载力监测预警研究的理论与方法，构建更加科学的资源环境承载力监测预警体系，并以西部12个省份为例进行实证分析，准确研判西部12个省份资源环境承载力存在的警情、警源，并据此提出提升西部地区资源环境承载力的对策与建议。本书主要研究结论有以下几点：

　　第一，2008~2019年，西部12个省份资源环境承载力整体呈现逐步提升趋势。从时间节点来看，西部大部分省份资源环境承载力在党的十八大至十九大期间年均提升幅度明显大于党的十七大至十八大期间年均提升幅度，党的十九大之后西部大部分省份资源环境承载力年均提升幅度明显大于党的十八大至十九大期间年均提升幅度。从空间格局来看，重庆、四川、广西、云南等西南季风气候区的资源环境承载力明显高于内蒙古、西藏、甘肃、青海、宁夏、新疆等西北干旱半干旱区和青藏高原区。

第二，2008~2019 年，西部 12 个省份资源环境承载力逐步提升主要是由生产生活活动对资源环境本底条件施加压力状况的整体改善带来的，即生产集约高效性和生活适度宜居性的整体水平提升，是由生产生活活动对山水林田湖草沙生态系统整体扰动损害程度降低所带来的；虽然资源环境本底条件支撑力也有所提升，即资源环境本底条件保护与修复及其整体生态服务功能有所改善，但提升幅度较小，对资源环境承载力提升的贡献有限。其中，生产集约高效性整体水平提升又主要是由生产高效性提升带来的，农业生产高效性的贡献率又明显小于工业和服务业生产高效性的贡献率；生活适度宜居性整体水平提升又主要是由生活宜居性提升带来的，城市生活宜居性与乡村生活宜居性的整体提升水平基本一致。

第三，2008~2019 年，西部地区 12 个省份资源环境承载力综合承载状态整体呈现逐步改善状态的研判结果与资源环境承载力整体呈现逐步提升趋势的研判结果一致，证实了评价理念和评价结果是一致的研究假说。截至 2019 年，西部地区部分省份资源环境承载力综合承载状态仍然存在临界超载、超载问题，其中内蒙古、贵州、甘肃、青海、新疆 5 个省份仍然存在临界超载问题，西藏、宁夏 2 个省份仍然存在超载问题，且临界超载、超载的警源又不尽相同。

第四，2008~2019 年，西部地区部分省份出现临界超载、超载的警源主要是由土地资源开发强度偏高、耕地集约化利用水平偏低、水土流失面积比重偏高、江河湖泊Ⅳ类以上污染水体比例偏高、农业单位水耗产值低、工业企业集聚程度低、工业和服务业用地占比偏高、单位工业用地产值偏低、工业单位能耗产值偏低、城市人均生活用地面积偏高、城市人均生活能耗偏高、乡村人均生活用水量偏高、对生活污水进行处理的乡村占比偏低、乡村居民无害化厕所普及率偏低等因素造成的。

第五，2008~2019年，"三生空间"视角下西部地区资源环境承载力监测预警系统三要素耦合协同状态呈现明显改善的发展趋势。"三生空间"视角下西部地区资源环境承载力监测预警系统三要素耦合协同状态演进规律与其承载状态演进规律一致。"三生空间"视角下西部地区资源环境承载力监测预警不仅揭示了"三生空间"的承载状态，同时也揭示了"三生空间"耦合协同发展状态，"三生空间"视角下西部地区资源环境承载力监测预警所揭示的警源问题，也正是"三生空间"耦合协同发展面临的障碍问题，可作为推进"三生空间"优化布局的重要依据。

第六，2020~2025年，西部12个省份资源环境承载力整体将会进一步提升，综合承载状态也将会进一步改善。到2025年，广西、重庆、四川、贵州、云南、陕西、内蒙古、青海、宁夏9个省份将呈现绿色可承载状态，西藏、甘肃、新疆3个省份将呈现蓝色临界超载状态。

目　录

第1章　绪论

1.1　研究背景与问题提出

1.1.1　研究背景

我国土地资源、水资源等主要资源要素人均占有量明显不足，且开发利用方式粗放（方创琳，2018）。自改革开放以来，我国实现了工业化、城市化的快速发展，由于资源环境保护力度明显滞后，各类资源与空间的开发利用程度不断加深，且呈现高强度的开发态势（高国力等，2018），社会经济发展与资源环境条件支撑之间的矛盾日益凸显，如城镇无序扩张，生产空间、生活空间过度挤占生态空间，生态系统服务功能严重退化，以人口局部过度集聚、水土资源开发利用低效浪费、环境污染日益加剧等为主要特征的"城市病"与以空心化、老弱化、污损化等为主要特征的"乡村病"并存，区域间、城乡间发展严重失衡（孙久文和李恒森，2017）。新形势下，随着社会经济发展对资源消费需求的刚性增长，本已短缺的各类资源将面临更大的压力。同时，随着优美生态环境成为人民幸福生活的增长点，不但要解决环境污染问题，还要提供更多优质生态产品来满足人民日益增长的优美生态环境需求。如何科学应对社会经济发展与资源环境保护之间的矛盾冲突，实现人与自然和谐共生，成为社会各界共同关注的焦点问题之一。

自党的十八大以来，党和国家践行"绿水青山就是金山银山"的生态文明理念，从全局和战略的高度将生态文明建设列入"五位一体"战略布局，并相继出台了一系列相关管理政策，坚定走生产发展、生活富裕、生态良好的发展道路。2013 年中共中央印发的《中共中央关于全面深化改革若干重大问题的决定》要求，科学合理规划生产空间、生活空间、生态空间的结构布局与开发管制，加强资源环境承载能力监测预警，划定生态保护红线，对土地资源、水资源、环境容量等超载区域实行限制性管控。2016年 9 月，国家发展改革委等 13 部委联合印发《资源环境承载能力监测预警技术方法（试行）》，提出资源环境承载能力监测预警的技术要点和基本思路，并要求各地要结合试评价工作，加强机制体制创新，修改完善技术方法。2017 年中共中央办公厅、国务院办公厅印发的《关于建立资源环境承载能力监测预警长效机制的若干意见》强调，要牢固树立和贯彻落实新发展理念，坚定不移实施主体功能区战略和制度，建立手段完备、数据共享、实时高效、管控有力、多方协同的资源环境承载能力监测预警长效机制。2019 年中共中央、国务院印发《关于建立国土空间规划体系并监督实施的若干意见》，明确到 2025 年，健全国土空间规划法规政策和技术标准体系，全面实施国土空间监测预警和绩效考核机制，形成以国土空间规划为基础，以统一用途管制为手段的国土空间开发保护制度；到 2035 年，全面提升国土空间治理体系和治理能力现代化水平，基本形成生产空间集约高效、生活空间宜居适度、生态空间山清水秀，安全和谐、富有竞争力和可持续发展的国土空间格局。

可见，科学建立资源环境承载能力监测预警机制已成为党和国家解决生态环境领域突出问题的重要战略部署之一，而开展资源环境承载力监测预警研究正是科学识别社会经济发展与资源环境保护之间矛盾冲突的重要研判依据。同时，新时代党和国家提出的"生产空间集约高效、生活空间宜居适度、生态空间山清水秀"的国土空间优化发展目标，更是为科学进行资源环境承载力监测预警指明了方向、提供了标准。因此，将"三生空间"理论与资源环境承载力理论结合，从"三生空间"视角探索创新资源环境承载力监测预警机理与实证，不仅有利于丰富和发展资源环境承载力监测预警理论，也有利于完善国家现已试行的资源环境承载力监测预警机制以及解决其试行过程中出现的问题，进一步提升资源环境承载力监测预警的实际参考价值和理论支撑作用。

1.1.2 问题提出

西部地区包括 12 个省份，地缘辽阔，国土面积 681 万平方千米，占全国国土总面积的 71%，是国家生态安全的重要战略屏障。由于地理区位重要，西部地区成为国家推进"一带一路"建设的重点区、核心区。同时，凭借丰富的土地资源、矿产资源等，西部地区更是国家矿产资源、油气能源、煤炭资源的战略储备区。自改革开放以来，西部地区 12 个省份社会经济发展取得了巨大进步，同时也带来了比较严峻的生态退化和环境污染问题（张青和任志强，2013），生产空间、生活空间过度挤占生态空间，导致生态系统面临较大压力，整体处于不安全状态（冯朝红，2021），如西部地区 12 个省份单位工业产值污染物排放量平均比东部地区高出 4~5 倍，森林覆盖率平均比东部地区小约 2/3，水域湿地覆盖率平均比东部地区小约 7/8，水土流失面积占全国水土流失总面积的 80% 以上。无论是从国家战略来看，还是从西部地区的现实情况来看，西部地区都亟须加强资源环境承载能力监测预警研究，找准缓解社会经济发展与资源环境保护之间矛盾冲突的症结所在，确保到 2035 年基本实现生产空间集约高效、生活空间宜居适度、生态空间山清水秀的发展目标。

1.2 国内外研究综述

1.2.1 "三生空间"研究

"三生空间"具体是指生产空间、生活空间、生态空间,诞生于我国国土空间开发利用的实践总结。樊杰(2009)最早提及"三生空间"的概念,认为"三生空间"是最高层级的地域功能分类体系,并以"三生空间"比例关系表达空间结构演变规律。2012 年,党的十八大报告首次正式提出"三生空间"的概念,强调把促进生产空间集约高效、生活空间适度宜居、生态空间山清水秀作为国土空间开发利用的优化目标,开启了国内"三生空间"相关研究的热潮。李广东和方创琳(2016)认为,"三生空间"涵盖了生物物理过程、直接和间接生产以及精神、文化、休闲、美学的需求满足等,是自然系统和社会经济系统协同耦合的产物。江曼琦和刘勇(2020)认为,"三生空间"是指从土地功能视角对国土空间的一种全新划分,其中具有农产品、工业品以及无形服务业产品的生产与供给功能的生产经营性场所是生产空间;具有提供和保障人类居住、交通、休憩、娱乐等生活功能的空间是生活空间;具有提供和保障气体调节、气候调节、水土涵养等生态功能的空间是生态空间。扈万泰等(2016)、武占云和单菁菁(2019)、孔冬艳等(2021)从主导功能视角将"三生空间"界定为互不交叉的空间范围。张红旗等(2015)、刘继来等(2107)、周浩等(2020)从复合功能视角将"三生空间"界定为相互交融的空间范围。岳文泽和王田雨(2019)在"三生空间"优化布局背景下探讨了资源环境承载力评价与国土空间规划的几个逻辑问题,并指出自 2017 年以来国家试行的资源环境承载力监测预警技术要点和基本思路存在的问题。武占云(2014)、周侃等(2019)、孙永胜和佟连军(2021)从不同尺度空间实证分析了资源环境承载力条件下区域空间规划布局的问题。

1.2.2　资源环境承载力研究

1.2.2.1　人口承载力研究

人口承载力是资源环境承载力产生与发展的思想基础。1798 年，英国著名经济学家 Malthus 基于生活资料与人口的比例协调关系提出了食物对人口增长的约束，形成了人口承载力的思想基础。1838 年，德国著名生物学家 Verhulst 提出了预测人口增长的"S"形曲线，即著名的逻辑斯蒂方程，成为最早也是最有影响力的测算人口承载力的数学模型。1921 年，Park 和 Burgess 正式提出了人口承载力的概念及研究框架，即根据区域食物资源状况来确定区域人口的极限容量。早期的人口承载力研究主要探讨食物资源与人口数量之间的比例协调关系，其研究思路是将食物资源有限性对人口无限增长的限制性用人口承载力来表现。人口承载力理论在理清承载力科学内涵的基础上，还提出了能够测度人口承载力大小的数学表达式（Seidl 和 Tisdell，1999），不仅使人类意识到资源环境对人类发展的限制作用，还为后续的单要素承载力和多要素综合承载力研究奠基了坚实的基础。

1.2.2.2　单要素承载力研究

单要素承载力是指以土地资源、水资源、大气环境、水环境等单个资源或环境要素作为承载体，对人口数量或人类活动的最大承载负荷。单要素承载力继承了人口承载力的基本思想，为资源环境综合承载力诞生与发展奠定了坚实的理论基础与方法依据。

（1）土地资源承载力研究。

土地资源承载力是对人口承载力概念的直接延伸，仍然以"多少土地、粮食，能养活多少人口"为研究核心命题。土地资源承载力研究起始于国外学术界，最具影响力的研究成果是 1982 年联合国粮食及农业组织（FAO）和 1985 年联合国教科文组织（UNESCO）以协调人地关系为中心开展的土地资源承载力研究，首次明确界定了土地资源承载力的概念内涵，即一国或地区在可以预见的时期内，利用该地区的土地能源及其他自然资源和智力、技术等条件，在保证符合其社会文化准则的物质生活条件下，能维持供养的人口数量。该研究成果为土地资源承载力后续研究奠定了坚实基础，并逐步使土地资源承载力研究成为资源环境承载力研究中最早开始的研究领域，也是最具影响力的研究领域，且目前已成为资源环境承载力研究中最为成熟的研究领域。国内对土地资源承载力研究起步相对较晚，大概始于20世纪80年代。1991年中国科学院开创了国内土地资源承载力研究的先河，并完成了中国土地资源生产能力及人口承载量研究，并结合中国实际，发展了土地资源承载力研究的内涵与理论；2001年中国科学院地理科学与资源研究所完成的"中国农业资源综合生产能力与人口承载能力"研究报告，拓展了土地资源承载力研究的领域与范围。陈百明（2001）、谢俊奇等（2004）、封志明等（2014）从不同尺度对土地资源承载力进行了研究，丰富了区域层面土地资源承载力的研究内容，并继承发展了土地资源承载力的研究方法。

（2）水资源承载力研究。

相对于土地资源承载力，水资源承载力研究起步较晚，但水资源承载力延续了土地资源承载力的研究框架与研究方法。国外学者关于水资源承载力的概念暂未形成广泛共识，Falkenmark和Lundqvist（1998）对水资源系统安全进行了有益的探索。Rijisberman和Ven（2000）对水资源的生态限度与水资源系统的极限进行了系统研究。Varis和Vakkilainen（2001）对中国水资源挑战与水资源紧缺程度进行了初步的研究。国内对水资源承载力研究一直较为重视，从文献上看起步明显早于国外，宋子成和孙以萍（1981）最早对我国水资源承载力进行了探索，并根据水资源量、人均耗水量等测算了我国百年后淡水资源可承载的人口数量。施雅风和曲耀光（1992）最先对水资源承载力概念内涵进行了界定，是指某一地区在不破坏生态系统时，在当前社会发展和科学技术水平下水资源能够最大可承载的农业、工业、城市规模及人口数量水平，且随着社会和科技进步区域水资源承载力的发展变化，对后续水资源承载力研究产生了深远影响。20世纪90年代中期以后，夏军和朱一中（2002）、封志明和刘登伟（2006）、李云玲等（2017）、金菊良等（2018）从不同区域层面对水资源承载力研究展开了大量的研究，从水资源承载力的概念界定、内涵探索，再到研究技术提升、研究方法创新都得到了快速发展。特别是系统动力学模型（黄蕊等，2012；王宇鹏，2013）、人工神经网络模型（胡荣祥等，2012；刘丽颖等，2017）、多目标情景规划模型（朱一中等，2004；方国华等，2006）等研究方法逐渐在水资源承载力研究中得到广泛应用。

（3）环境承载力研究。

环境承载力研究起步也相对较早，其概念由人口承载力概念直接演化而来。1974 年，Bishop 最早提出环境承载力的定义，即在维持一个可以接受的生活水平前提下，一个区域能永久承载的人类活动的强烈程度。Schneider（1978）则认为环境承载力是自然或人造环境系统在不会遭到严重退化的前提下，对人口增长的容纳能力。Arrow 等（1995）则丰富和发展了环境承载力的研究，并引发了人们对环境承载力相关问题的高度关注。国内环境承载力研究起步于 20 世纪 70 年代，曾维华等（1991）较早对环境承载力展开了系统的研究，最早在国内提出环境承载力的概念。随后，洪阳和叶文虎（1998）、左其亭等（2005）、候德邵等（2008）、徐大海和王郁（2013）、金凤君等（2020）把环境对各种污染物的容纳能力作为研究核心，对区域的水环境、大气环境、土壤环境等单一环境要素承载力展开了深入研究，丰富和发展了环境承载力基础理论、评价方法及实践应用。目前，环境承载力研究方法日趋多样化、研究的深度和可操作性不断深化，相关成果在环境管理与规划、区域可持续发展等领域也得到广泛的应用（曾维华等，2007；崔丹等，2018）。

另外，随着土地资源、水资源、环境等单要素承载力研究的不断发展，还催生了矿产资源承载力、基础设施承载力、文化承载力、旅游承载力等一系列承载力的外延概念和量化模型，为资源环境综合承载力发展奠定了坚实的理论和方法基础。

1.2.2.3　资源环境综合承载力研究

资源环境综合承载力由土地资源、水资源、环境等单要素承载力演化而来。1972年，罗马俱乐部构建了著名的"世界模型"，并引入系统动力学方法，对世界范围内的资源环境与人口增长的数量关系进行预测评价，深入剖析了人口增长、工业化发展对不可再生资源枯竭以及生态环境恶化对粮食生产的影响关系，认为全球的人口增长将会因粮食短缺和环境破坏在某个时段达到极限，引起了全世界对资源环境承载力的广泛而强烈关注。1985年，Sleeser强调人口、资源、环境与经济发展之间的关系，提出了著名的ECCO模型，发展了资源环境综合承载力的研究，使资源环境承载力研究由静态分析走向动态分析。1992年，Reese以生态生产性土地面积为折算标准，提出了生态足迹法，促进了资源环境承载力的研究。Price（1999）、Kyushik等（2005）以土地资源、水资源、大气环境等因素代表承压类指标，以经济发展、人口发展、科技进步等因素代表压力类指标，引入层次分析法、主成分分析法等，构建资源环境承载状态评价模型，完善了资源环境承载力的研究。国内以资源环境诸要素综合体为对象的资源环境综合承载力研究始于20世纪90年代，以刘殿生（1995）、高吉喜（2001）、毛汉英和余丹林（2001）、方创琳等（2002）提出的概念最具代表性，即资源环境承载力是指生态系统的自我维持、自我调节能力，资源与环境子系统的共容能力及其可维持的社会经济活动强度和具有一定生活水平的人口数量。这不仅强调了特定生态系统所提供的资源和环境对人类社会系统的支持能力，涵盖了资源与生态环境的共容、持续承载和时空变化，而且考虑了人类价值的选择、社会目标和反馈影响。徐勇等（2016）、樊杰（2015）、樊杰等（2017）、岳文泽等（2018）、张茂鑫等（2020）、于贵瑞等（2022）从资源环境系统的整体性、稳定性和持续性出发，以自然生态环境供给潜力、人口和社会经济发展驱动力、生态环境保护与修复响应力等为视角，通过构建资源环境承载力综合评价模型对资源环境承载力状况进行评估，在基本理论和研究方法上，逐步完善了对资源环境承载力的研究。

1.2.3 资源环境承载力预警研究

资源环境承载力预警研究主要集中在国内，且主要在21世纪以后。傅伯杰（1993）较早探讨了生态环境预警的原理和方法，提出区域生态环境预警是对区域资源开发利用的生态后果、生态环境质量的变化，以及生态环境与社会经济协调发展的评价、预测和警报，并通过建立指标体系对中国各省份的生态环境状况进行排序评价和预警。方创琳和杨玉梅（2006）在总结资源环境承载力理论的基础上，提出资源环境承载力的预警定律，可采用景气预警、警兆预警两种模式，景气预警就是确定资源环境承载力目前所处的耦合状态是否超出预期范围，即对目前耦合状态的监测；警兆预警是按照目前社会经济发展速度，将在什么时候出现什么样的警情。丁同玉（2007）较早以江苏省为例对资源环境经济复合系统承载力诊断预警进行了实证分析。

2013 年，党的十八届三中全会通过的《中共中央关于全面深化改革若干重大问题的决定》，要求建立资源环境承载能力监测预警机制，对水土资源、环境容量和海洋资源超载区域实行限制性措施，开启了国内资源环境承载力预警研究的热潮。其中，以中国科学院地理科学与资源研究所的研究成果最具影响力，基于"短板原理"与"增长极限"原则，樊杰（2015）、樊杰等（2017b）构建了国家层面资源环境承载能力监测预警综合评价理论体系与框架，为后续资源环境承载力监测预警研究奠定了坚实的理论基础。阎东彬（2016）则构建了包括人口承载力、资源承载力、环境承载力、经济承载力、交通承载力和公共服务承载力 6 个子系统的城市群综合承载力测评指标体系和测评模型，并以此为基础建立了京津冀城市群综合承载力预警模型，对综合承载力的标准区间、超载区间和严重超载区间进行了测算。贾滨洋等（2018）以成都市为例，构建了包含水资源承载力、水环境承载力、大气环境承载力、土地承载力和生态承载力 5 个一级评价指标和若干个二级指标的资源环境承载力预警指标体系，并将承载状态分为不超载、临界超载和超载三种，以此来对城市资源环境承载情况进行评判和预警。张乐勤（2019）以安徽省为例，采用多目标决策最优方法对资源环境承载能力最优值进行了测算，并基于偏离度模型构建了预警判别体系，运用灰色系统 GM（1，1）模型对资源环境承载能力预警演化趋势进行了预测。陈晓雨婧等（2019）则构建了甘肃省资源环境承载力评估预警指标体系，在警限阈值划分基础上，采用熵权法的综合指数模型对甘肃省资源环境承载力进行评估预警，并探讨了甘肃省资源环境承载力的限制性因素。徐勇等（2016）则专项探讨了资源环境承载能力预警的超载成因分析方法，并对导致京津冀地区资源环境超载的因素进行了系统分析，张真源和黄锡生（2019）、段雪琴等（2019）探讨了资源环境承载力监测预警的相关制度建设。

1.2.4 国内外研究评述

纵观国内外研究历程，资源环境承载力概念的演化与发展，不仅体现了人类对人与自然关系认识的深化，而且表达了不同发展阶段和不同约束条件下，人类对资源环境限制性的认识与响应（封志明等，2017；孙阳等，2022）。作为区域经济学、资源环境科学、生态学等学科的研究热点和理论前沿，资源环境承载力不仅是一个具有人类极限意义的科学命题，而且是一个具有实践价值的人口与资源环境协调发展的政策议题（张林波等，2009）。

资源环境承载力研究事关资源环境"最大负荷"这一科学命题，综观国内外研究成果尚未完全形成统一的理论基础和方法体系。一是仍然存在评价对象过于抽象、不够具体的问题，将承载力与承载状态概念混淆不清，对承载能力、承载压力与承载潜力逻辑不清。评价过程中对资源环境系统、社会经济系统的界定过于抽象且评价标准不够明确。承载力和承载状态则是关于资源环境承载力评价结果的两种不同表达，虽然目标存在一致性，但是不能将两个概念混为一谈。承载能力、承载压力和承载潜力虽然表征的内涵不同，但是三者是一个有机整体，对资源环境承载力评价来说缺一不可，不然就会导致评价结果不系统、不全面，出现较大差异。二是对资源环境承载力演化机制和评价机理的研究亟待加强。传统资源环境承载力评价过多强调资源环境支撑能力评价，对社会经济发展对资源环境施加压力的评价不足，特别是对科技进步、管理水平提升等润滑力的评价明显薄弱，原因在于对资源环境承载力演化机制和评价机理研究不足。三是对资源环境承载力监测预警机制的研究亟待加强。学者多停留在资源环境承载力的测算和承载状态的评价层面，对承载力监测预警机制的研究不足，特别是在资源环境承载力的阈值界定与关键参数设定方面还未达成一致的共识，还未形成全面适用的具体的临界超载与超载的关键阈值及预警指数标准。

本书将在上述已有研究成果基础上，从"三生空间"视角出发，科学界定承载力与承载状态科学内涵，探索资源环境承载力评价原理与演化机理，理清承载能力、承载压力和承载潜力的逻辑关系，构建更加科学的资源环境承载力监测预警框架结构，并通过西部地区予以实证检验，以期对资源环境承载力理论发展有所贡献。

1.3 研究内容、目标及意义

1.3.1 研究内容

第 1 章绪论。对本书的研究背景进行了阐述，提出西部地区发展面临的生态环境问题，对国内外现有研究成果进行评述，说明本书的研究意义，介绍本书的研究方法与技术路线，提出本书的创新之处。

第 2 章概念界定与理论基础。对"三生空间"的概念内涵、资源环境承载力的概念内涵、资源环境承载力预警的概念内涵等进行界定，并对相关理论基础进行梳理总结，为后续研究奠定理论基础。

第 3 章"三生空间"视角下资源环境承载力理论辨析。首先，概况总结资源环境承载力研究面临的学术争议；其次，提出资源环境承载力的研究假说，并进行演绎推理；最后，在此基础上，探讨"三生空间"视角下资源环境承载力的组织架构及评价原理。

第4章"三生空间"视角下资源环境承载力监测预警研究分析构架。首先,对"三生空间"视角下资源环境承载力监测预警思路框架进行梳理、设计,明确"三生空间"视角下资源环境承载力监测预警的技术流程;其次,在思路架构基础上,构建"三生空间"视角下资源环境承载力监测预警指标体系与评价模型;最后,构建"三生空间"视角下资源环境承载力警情走势预测模型。

第5章"三生空间"视角下西部地区资源环境承载力监测预警实证分析。首先,对西部地区进行界定,对数据进行收集整理;其次,对监测预警指标体系进行可靠性检验,并对指标、指数的权重进行测算;再次,结合国家相关规划,对监测预警指标和指数的阈值进行科学划分;最后,对西部地区资源环境承载力监测预警进行动态分析及其承载状态进行研判,并对警情走势进行预测分析研判。

第6章"三生空间"视角下西部地区资源环境承载力监测预警集成效应分解。首先,对西部地区12个省份资源环境承载力监测预警综合集成效应进行分解评价;其次,对西部地区12个省份资源环境承载力监测预警专项集成效应进行分解评价。

第7章"三生空间"视角下西部地区资源环境承载力监测预警系统耦合协同性测评。首先,对西部地区资源环境承载力监测预警系统三要素的耦合度进行测度评价;其次,对西部地区资源环境承载力监测预警系统三要素的协同性进行测度评价。

第8章"三生空间"视角下西部地区提升资源环境承载力对策建议。首先,从西部地区资源环境本底条件的角度提出改善西部地区资源环境承载力的对策建议;其次,从西部地区生产集约高效性的角度提出改善西部地区资源环境承载力的对策建议;最后,从西部地区生活适度宜居性的角度提出改善西部地区资源环境承载力的对策建议。

第9章结论与展望。首先,全面梳理、概括总结本书的研究结论;其次,认真对照研究目标,归纳本书研究存在的不足以及下一步的研究展望。

1.3.2　研究目标

第一，全面归纳总结资源环境承载力监测预警研究的学术争议问题，提出解决问题的研究假说并予以演绎推理，从"三生空间"视角探索创新资源环境承载力监测预警研究的理论与方法，构建更加科学的资源环境承载力监测预警体系，丰富和发展资源环境承载力监测预警理论。

第二，以实现西部地区 12 个省份生产空间集约高效、生活空间适度宜居、生态空间山清水秀为目标，在资源环境承载力监测预警理论探索创新的基础上，以西部地区 12 个省份为例开展实证分析，为推进西部地区 12 个省份可持续发展提供理论支撑和决策参考。

1.3.3　研究意义

1.3.3.1　理论意义

第一，本书全面归纳总结学术界关于资源环境承载力的争议问题，对争议问题进行深入剖析，找出争议的焦点，理清资源环境承载力在理论层面存在的薄弱环节，提出完善资源环境承载力理论的研究假说，并从理论层面进行演绎推理及在实证分析环节予以检验，以期在资源环境承载力的理论探索上有所创新，对健全和完善资源环境承载力评价机制具有丰富的理论意义。

第二，本书将灰色 Verhulst 模型用于资源环境承载力的预测，并尝试构建资源环境承载力的支撑力、压力、润滑力三个作用力集成效应分解函数，对三个作用力的贡献率进行分解，对充实和发展资源环境承载力研究方法具有理论意义。

1.3.3.2　现实意义

第一，资源环境承载力监测预警研究是应对当前社会经济发展面临资源环境约束挑战的现实诉求。在全球社会经济发展与资源环境支撑之间矛盾日益突出的大背景下，资源环境承载力监测预警研究因在指导社会经济可持续发展与实现人与自然和谐共生方面发挥了积极作用，其在学术界也有着巨大吸引力，尤其是对我国西部地区生态环境赢弱且整体处于不安全状态的地区来说更是如此。自西部大开发以来，随着城市化、工业化的高速发展，西部地区生态环境问题日趋严峻，面临的压力与挑战并存，亟须加强资源环境承载力监测预警研究，找准资源环境承载临界超载或超载症结所在与问题根源，指导生态系统保护与修复，促进西部地区人与自然的融合协同发展。

第二，资源环境承载力监测预警研究是推进新时代新型城市化发展的重要理论支撑。加强资源环境承载力监测预警是提升城市化发展质量、优化区域经济布局和促进区域协调发展的前置条件。西部地区地缘辽阔，由干旱区、高原区、季风区等不同类型区域构成，资源禀赋、地理区位等差异导致不同区域的城镇化水平参差不齐。加强西部地区 12 个省份资源环境承载力综合评价，分区域类型跟踪研判土地资源、水资源、矿产资源、生态环境等生态空间对社会经济发展的综合承载能力，科学研判不同类型区域城市化高质量发展面临的主要限制性因素和风险，为不同类型区域的城市空间布局与城市规模结构优化提供理论依据，指导调节不同区域、不同规模城市的生产力规模和布局，推进西部地区新型城市化建设走向节约集约，促进西部地区协调可持续发展。

第三，资源环境承载力监测预警研究是全面推进乡村振兴战略的重要基础。当前我国经济发展正处于关键的转型期，同步推进乡村振兴与工业化、城镇化快速发展的目标更为紧迫，保障国家粮、棉、油、糖、肉、奶等重要农产品供给与资源环境承载能力的矛盾日益尖锐。西部地区作为我国粮食生产的主要功能区和重要农产品生产的主要保护区，且后备耕地资源相比东中部地区较丰富，对保障国家粮、棉、油、糖、肉、奶等重要农产品供给安全至关重要。加强西部地区 12 个省份资源环境承载力综合评价，科学监测西部地区资源环境承载力综合承载状况，准确把握西部地区农业生产集约高效性和乡村生活适度宜居性，为改善西部地区乡村生活环境、促进西部地区美丽乡村建设提供指引。

第四，资源环境承载力监测预警研究是服务国土空间规划与管理的重要手段。资源环境承载力监测预警研究是科学划定自然生态系统自我修复本底条件下资源环境开发利用警戒线和空间红线的重要依据，是国土空间规划与调控的重要手段。西部地区作为国家"一带一路"建设的重点区、核心区，随着国家"一带一路"倡议实施的不断深入，国土空间开发需求与资源环境支撑之间的矛盾日益突出，合理管控西部地区国土空间开发强度，优化国土空间开发布局，已成为西部地区可持续发展必须统筹解决的重要问题。因此，摸清西部地区12个省份自然生态系统本底条件，加强西部地区12个省份资源环境承载力承载状体的监测预警，有利于分不同类型区域探讨生产生活活动的集聚特征以及资源环境要素的整合效应，对西部地区进一步管控国土空间开发强度，进一步优化国土空间开发布局，切实把影响自然生态系统自我修复功能的重要国土空间有效保护好。

1.4 研究方法与技术路线

1.4.1 研究方法

第一，规范分析法。在归纳总结现有研究成果和学术争议问题基础上，通过演绎推理对资源环境承载力理论进行了探索创新；然后采用实证分析法，以西部地区12个省份为例，对理论的探索创新进行实证检验，并对西部地区12个省份资源环境承载力承载状态进行科学预警研判，并提出西部地区提升资源环境承载力的对策建议。

第二，历史分析法。归纳总结"三生空间"演进规律与资源环境承载力发展规律的一致性，然后以逻辑分析法从"三生空间"视角探索创新资源环境承载力评价原理与研究思路框架，构建更加科学合理的区域资源环境承载力监测预警体系。

第三，专项评价与集成评价相结合的方法。首先，对西部地区资源环境承载力的本底条件、生产集约高效性、生活适度宜居性进行专项评价；其次，对资源环境承载力的总体承载状态进行集成评价，并运用对比分析法对西部地区资源环境承载力承载状态进行对比分析，以期使研究结果更加全面、更加准确。

1.4.2 技术路线

本书基于经济科学、生态科学、资源科学等多学科基础理论，从"三生空间"的视角采用规范分析与实证分析相结合的方法，对资源环境承载力监测预警进行理论探索创新与实证研究，本书的技术路线如图 1-1 所示。

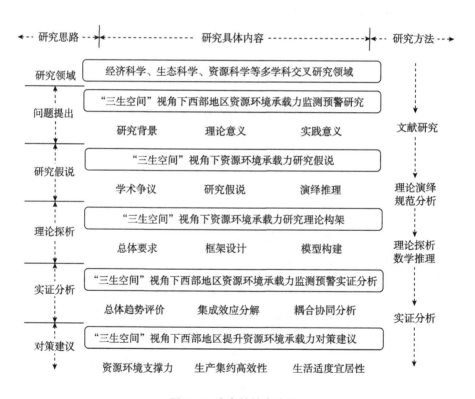

图 1-1 本书的技术路线

1.5 研究创新之处

第一，全面归纳总结出学术界一直争议不休的资源环境承载力的两种评价理念，即以可承载人口数量表征资源环境承载力大小的评价理念和以可承受最大损害程度表征资源环境承载力大小的评价理念，本书从理论层面通过严谨的演绎推理认为，两种评价理念的评价结果具有一致性，并以西部地区的实证分析证明这一点，为进一步健全和完善资源环境承载力评价机制奠定更加坚实的理论基础。

第二，从"三生空间"视角探索资源环境承载力系统组织构架，创新资源环境承载力评价原理，厘清以资源环境要素支撑能力表征的承载支撑力、以人类社会经济活动对资源环境施加压力为表征的承载压力、以科技进步改善资源环境开发利用效率及其本底条件修复功能表征的承载润滑力三者之间的逻辑关系，构建更加科学系统的资源环境承载力监测预警评价思路构架，丰富和发展资源环境承载力监测预警理论。

第三，从"三生空间"视角构建资源环境承载力监测预警系统集成效应动态分解函数，对西部地区12个省份资源环境承载力提升或承载状态改善过程中支撑力、压力、润滑力发挥的作用贡献度进行测度分析，准确研判西部地区12个省份资源环境承载力提升或承载状态改善的主要原因和薄弱环节，为找准西部地区12个省份资源环境承载力临界超载或超载的警源奠定坚实的基础。

第四，从"三生空间"视角构建资源环境承载力监测预警系统耦合协同度函数，对西部地区12个省份生态空间支撑力系统、生产空间施加压力系统、生活空间施加压力系统之间的耦合协同性进行测度评价，厘清三要素耦合协同状态与资源环境承载力系统承载状态之间的逻辑关系，为制定更加科学、精准的资源环境承载力提升对策提供坚实的理论依据。

第2章 概念界定与理论基础

2.1 相关概念界定及说明

2.1.1 "三生空间"概念界定及主要特征

2.1.1.1 "三生空间"概念界定

2008 年国务院印发的《全国土地利用总体规划纲要（2006-2020 年）》提出"三生用地"的概念，强调把"三生用地"统筹协调发展作为国土空间开发利用的总体要求，即控制生产用地，保障生活用地，提高生态用地比例，促进城镇和谐发展。2010 年国务院印发的《全国主体功能区规划》提出了"三生空间"的雏形，强调从以占用土地的外延扩张为主转向以调整优化空间结构为主的国土空间开发利用的总体要求，即按照生产发展、生活富裕、生态良好的要求调整空间结构，保证生活空间，扩大绿色生态空间，保持农业生产空间，适度压缩工矿建设空间。2012 年，党的十八大报告正式提出"三生空间"的概念，强调把促进生产空间集约高效、生活空间适度宜居、生态空间山清水秀作为国土空间开发利用的优化目标，按照人口资源环境相均衡、经济社会生态效益相统一的原则，控制开发强度，调整空间结构，给自然留下更多修复空间，给农业留下更多良田，给子孙后代留下天蓝、地绿、水净的美好家园。2013 年党的十八届三中全会通过《中共中央关于全面深化改革若干重大问题的决定》，进一步明确建立"三生空间"规划体系，划定生产空间、生活空间、生态空间开发管制界限，落实用途管制以及划定生态保护红线、建立国土开发空间开发保护制度。2017 年党的十九大报告进一步强调"三生空间"协同发展，即坚定走生产发展、生活富裕、生态良好的文明发展道路，建设美丽中国，为人民创造良好生产生活环境，为全球生态安全作出贡献。2019 年中共中央、国务院印发的《关于建立国土空间规划体系并监督实施的若干意见》进一步明确"三生空间"耦合协同发展目标，到 2035 年，全面提升国土空间治理体系和治理能力现代化水平，基本形成生产空间集约高效、生活空间宜居适度、生态空间山清水秀，安全和谐、富有竞争力和可持续发展的国土空间格局。

可见，"三生空间"概念诞生于我国国土空间开发利用的实践总结。党的十八大正式提出"三生空间"的概念，标志着我国国土空间开发利用方式将从以生产空间为主导转向"三生空间"相协调（黄金川等，2017），意味着我国国土空间规划比以往任何时候都更加关注自然生态空间保护及人类与自然生态系统的协调发展（岳文泽等，2020）。目前，学术界主要从土地利用功能视角对"三生空间"概念进行科学界定，但绝不是仅指国土地表空间，而是指国土立体空间。从土地利用功能来看，"三生空间"是一种国土空间划分的新方法，基本涵盖了满足自然生物物理过程、人类直接或间接物质生产和文化、休闲、娱乐、美学等精神需求的空间活动范围，是人类社会、经济活动的基本载体（李广东和方创琳，2016）。生产空间是以提供农业产品、工业产品和服务产品为主导功能的区域，主要包含农业生产区域、工矿建设区域和商贸服务区域，主要服务对象是物，与人类生产活动密切相关，追求空间利用集约化和产出高效化，具有产业集聚效应；生活空间是以提供人类居住和公共活动为主导功能的区域，主要包括城市居民生活区和休憩区、建制镇居民生活区和休憩区以及乡村村庄居民生活区，主要服务对象是人，与人类生活活动密切相关，追求空间利用适度性和宜居性，具有邻里文化效应；生态空间是以提供生态服务、生态产品和生态安全为主导功能的区域，主要包括森林、草地、湿地、水域等具有自然属性的山水林田湖草沙系统空间以及城市绿化、公园等具有人文属性的生态空间，发挥调节、维持和保障区域生态安全的重要作用，主要服务对象是人和物兼备，与自然本底条件、自然环境保护治理密切相关，追求山清水秀和尊重自然，具有规模尺度效应（武占云，2014；黄金川等，2017）。

因此，"三生空间"通常也被称为"三生功能"空间，即生产功能空间、生活功能空间、生态功能空间，一起构成了国土空间的整体。"三生空间"由"三生用地"演化而来，是我国在优化国土空间开发利用过程中作为生态文明建设关键要义提出的一个关于国土空间划分的新概念、新方法。"三生空间"概念的诞生为学术界进一步认知资源环境承载力提供了新的视角，特别是"三生空间"耦合协同发展目标更是为资源环境承载力评价提供了更加明确的标准。

2.1.1.2　"三生空间"的主要特征

"三生空间"是为了便于国土空间划分与管控，在具体实践过程中总结出来的土地利用分类归并的一种新办法。土地利用的自然属性、经济属性、社会属性造就了"三生空间"具有不同的特点、特征。

（1）空间属性的多重性。

"三生空间"是人为对自然界地表的一种划分，目的是使自然界地表更好地为人类生产生活服务，导致"三生空间"不但具有自然属性，还具有经济属性、社会属性等多重属性（鲁达非和江曼琦，2019）。如从产权属性来看，生产空间中的农业用地、工业用地、商服用地以及生活空间中的居住用地等，一般有着特定具体的所有者，属于私人产品，具有竞争性、排他性特征，同时也可能产生污水、废气、噪声等，而干扰人类正常的生产生活活动，又具有负外部性特征；而生活空间中的公共管理与公共服务用地、公园绿地以及生态空间中的人工、半自然或自然的植被（森林、草地、绿地等）以及水体（水域、湿地、冰川等）等土地利用类型，一般不具有特定的所有者，属于半公共产品或公共产品，不具有竞争性和排他性，同时对美化环境、保护植被、净化空气、陶冶情操等方面有积极的作用，具有明显的正外部性特征。

（2）空间功能的复合性。

"三生空间"由"三生用地"演化而来，土地的多功能性决定了空间的多功能性，在多数情况下"三生空间"的功能性质是多元复合的，生产功能、生活功能、生态功能代表的只是其所在空间的主导功能（扈万泰等，2016）。如城市商贸服务用地可视为生产用地，但其不但具有生产服务功能，还具有生活服务功能；城市公园绿地可被视为生态空间，但其不但具有生态服务功能，还具有一定的生活服务功能；农业耕地可被视为生产空间，但其不但具有生产服务功能，还具有生态服务功能和一定程度的生活服务功能。

（3）空间尺度的差异性。

"三生空间"是一种对国土空间新的划分方式，在不同层次空间规划视角下存在明显的空间尺度差异。如从全国、省域等宏观区域尺度来看，每一座城市都可以被视为一处点状集中的生产或生活空间，而乡村和自然区都可被视为生态空间；从城市、乡村等中观尺度来看，城市工业用地集中的区域可被视为生产空间、居住用地集中的区域可被视为生活空间、公园绿地和风景名胜区等可被视为生态空间，乡村耕地可被视为生产用地、居民点可被视为生活用地、林地和草地等可被视为生态或生产用地。

（4）空间范围的动态性。

"三生空间"是对国土空间的高度概括，在一个固定的区域或城市空间范围内，其比例关系并不是一成不变的，随着区域或城市的社会经济发展，"三生空间"会呈现出一种此消彼长的空间关系（扈万泰等，2016）。如随着工业化的快速发展，工业园、高新区等各类园区的建设，原来的生态空间、生活空间会转变为生产空间；随着城镇化的不断推进，城市外延不断扩张，城市外围的生态空间会转变为生产或生活空间；随着退耕还林、退耕还草，则可能带来农业生产空间向生态空间的转变。

（5）空间用地的异质性。

"三生空间"对应的用地类型在不同区域存在明显的异质性，有的异质性是由自然因素造成的，有的异质性则由人为因素造成。如西部地区城市生产空间所包含的工业用地、商务用地等，与东部地区城市相比，区位优势相去甚远；西部地区城市生活空间所包含的公共基础设施、生活服务设施等用地，与东部地区城市相比，服务功能存在一定差距；西部地区乡村生产空间所包含的耕地，与东中部地区相比，日照时间、昼夜温差、水源供给等存在明显差异。

（6）空间区划的相对一致性。

"三生空间"作为新时期我国国土空间开发优化的重要风向标，在具体区域空间区划上具有相对一致性（樊杰，2013）。在区域空间规划中，不能只考虑生态空间优化，而忽略生产或生活空间优化；也不能只顾生产或生活空间优化，而忽略生态空间优化；不仅要考虑城镇生产、生活空间优化，还要考虑乡村生产、生活空间优化，应统筹考虑"三生空间"结构布局。即坚持因地制宜、功能互补，统筹协调布局区域间、区域内，城乡间、城乡内的"三生空间"组织结构，不同区域、不同城市、不同乡村应采用适宜的结构比例，不能千篇一律，也不能顾此失彼，应保持相对一致性。

2.1.2　资源环境承载力的概念界定及主要特征

2.1.2.1　资源环境承载力的概念界定

承载力通常是指一个承载体对承载对象的综合承受能力。资源环境承载力是指把资源环境作为承载体，把人类活动作为承载对象，表达资源环境系统对人类活动的综合承受能力。综合承载能力可认为是三个不同作用力的合力，即资源环境系统支撑力、人类活动压力和科技润滑力（岳文泽和王田雨，2019）。其中资源环境支撑力是指资源环境系统所能承受的人类活动最大扰动损害程度，支撑力大小由资源环境系统本底条件赢弱及已损害程度决定；人类活动压力是指人类生产生活活动扰动损害资源环境本底条件施加的压力，压力大小由人类生产方式、生活方式决定；润滑力是指科技进步、管理水平提升等逐步优化生态环境保护与修复带来的资源环境系统本底条件支撑力的改善，以及逐步优化生产生活方式带来的人类生产生活活动对资源环境本底条件施加压力的改善。资源、环境、人类生产活动、人类生活活动构成了综合视角下资源环境承载力概念的四类核心要素，四类核心要素均有质与量的阈值属性（张茂鑫等，2020）。

资源是指在一个特定时期内和一定科学技术水平下，可被人类开发利用的各种物质量的总称。资源具有客观存在性、可获得性、容量增长性、稀缺性等特点特征，资源的稀缺性特征决定了其可开发利用的数量阈值，即消耗上线，同时也决定了其可开发利用的品质底线。

环境是指影响人类生存与发展的各种天然或经过人工改造的自然因素的总称。环境既是人类活动的载体，也是资源存在与容量增长的载体，为人类活动提供了广泛的空间和其他必要的自然条件。人类活动和资源耗费不能突破生态环境自我恢复本底底线，也不能突破生态环境容纳人类生产生活废弃物的容量上限。

人类生产活动是指人类为了满足其生产生活需求而从事的各类生产活动，具体表现为人类生产活动对各类资源的消费以及对自然生态环境的直接或间接影响。人类生产活动在满足日益增长的美好生活向往的同时，不能突破资源索取上限和环境容量上限。

人类生活活动是指人类为了生存发展而进行的各类生活行为，具体表现为人类生活行为直接对各类资源的消费以及对自然生态环境的直接或间接影响。人类生活活动在满足日益增长的美好生活向往的同时，不能突破资源索取上限和环境容量上限。

如果以资源作为承载体，以人类活动作为承载对象，对应的是资源承载力，其科学基础是资源稀缺性、可获得性、容量增长性与资源开发利用集约高效性；如果以环境作为承载体，以人类活动作为承载对象，对应的是环境承载力，其科学基础是环境容量、环境吸收或同化能力与环境综合承受能力。资源环境承载力则是对资源承载力、环境承载力等单要素承载力概念与内涵的集成表达（石忆邵等，2013），是由单要素承载力向多要素综合承载力的延伸与发展。资源环境承载力监测预警则是在"资源—环境—人类生产活动—人类生活活动"的复杂系统中研究"最大负荷量"的命题，即资源环境系统作为承载体对承载对象人类生产生活系统的最大综合承受能力。资源环境承载力的最大阈值，既受资源索取上限与品质底线、环境容量上限与品质底线等自然条件质与量的极限限制，又受人类生产生活活动对资源环境开发利用的集约节约程度的影响（张茂鑫等，2020）。因此，资源环境承载力监测预警不仅涉及资源索取上限与品质底线、环境容量上限与品质底线等资源环境本底条件的专项监测预警，还涉及人类生产生活活动对资源环境开发利用的集约节约程度的专项监测预警，同时还包括各专项监测预警的综合集成监测预警。

2.1.2.2　资源环境承载力的基本特征

（1）客观存在性。

从哲学角度来看，作为承载体的土地资源、水资源、矿产资源、大气环境、水环境、生态环境等资源环境系统要素都是现实的客观存在，作为承载对象农业生产、工业生产、服务业生产等人类生产活动以及衣食住行、商品消费、文化娱乐等人类生活活动也都是现实的客观存在，那么揭示承载体与承载对象相互作用关系以及承载体、承载对象内部运行规律的资源环境承载力也必然是客观存在的。因此，资源环境承载力具有客观存在性特征。

（2）结构层次性。

从系统理论角度来看，资源环境承载力不仅涉及土地资源、水资源、矿产资源、大气和水环境等资源环境要素，还涉及复杂的人类生产生活活动，如农业生产、工业生产、商品流通与消费、文化娱乐等人类生产生活要素，且各类要素之间不是相互独立的，而是相互联系、相互促进和相互制约的。因此，资源环境承载力评价不但涉及资源、环境等自然本底条件支撑力专项评价，还涉及人类生产活动压力、人类生活活动压力等专项评价，以及各专项评价的集成评价是一个结构性、系统性评价。因此，资源环境承载力具有结构层次性特征。

（3）空间差异性。

从地域功能理论角度来看，区域存在明显的地域性特征，不同地域的资源环境要素组合、生产生活要素组合等都存在着不同的差异性，进而决定着不同的资源环境承载能力，资源环境承载力具有鲜明的空间差异性特征。具体来说，不同区域对应着不同的生态空间结构，不同的生态空间结构对应着不同的自然本底条件，不同的自然本底条件对应着不同的土地资源结构、水资源结构、矿产资源结构、生态环境结构等，而不同的自然本底条件结构又对应着不同的地域功能结构，进而决定了不同的资源环境承载能力大小。因此，资源环境承载力具有空间差异性特征。

（4）时间差异性。

从"三生空间"角度来看，国土空间结构是不断发展优化的，且国土空间布局优化同资源环境承载力与社会经济发展水平有着紧密联系（樊杰，2015）。随着社会经济发展与科技进步、管理水平提升，人类的生产、生活方式会不断改善，资源环境开发利用效率会不断提升，又会反过来促进产业布局与城乡空间布局进一步优化，进而促进"三生空间"结构布局优化，进而促进资源环境承载力的提升。因此，资源环境承载力具有时间差异性特征。

（5）系统开放性。

从区域经济发展角度来看，生产要素会在不同区际间流动、人口会在不同区际间迁徙，区域间贸易往来会促进区域间可移动生产要素的流动互补，进而加强生产要素在不同区际间的流动。资源环境承载力不仅涉及许多可流动的自然资源要素和社会资源要素，甚至还涉及环境要素。往往环境要素很难在区际间流动，如大气污染、水污染等，当污染强度超过一定限度时，不但会对本地区生产生活产生影响甚至可能影响到周边区域。因此，资源环境承载力具有系统开放性特征，但其本质要落脚到生产生活活动对本地资源环境系统施加压力上（牛方曲等，2018）。

2.1.3 资源环境承载力预警的概念界定及主要特征

2.1.3.1 资源环境承载力预警的概念界定

预警是指在灾难或灾害以及其他需要预防的危险来临之前，采用科学技术方法对灾害、灾难或危险的组织运行演化规律进行动态监测，发现可能性前兆，并发布警情、警兆预报，准确研判警源，为科学制定应对灾害、灾难或危险发生的有效防控措施提供决策支持，进而最大限度地降低灾害、灾难或危险发生所造成的损失（叶有华等，2017）。预警重点是对灾害、灾难或危险发生规律的预言预判，对可能出现的警情、警兆进行报告，为决策者提供决策依据。

资源环境承载力预警即以现代预警技术方法实现对资源环境承载力系统动态演进规律的监测预警，对其组织运行过程中可能出现的警情、警兆进行及时预报并发布预警信号（樊杰等，2017a），为决策者能够及时调整限制性和约束性政策提供决策参考与技术支持，实现社会经济可持续发展。

2.1.3.2 资源环境承载力预警的主要特征

（1）警情的积累性与突发性特点。

资源过度消耗、环境严重污染、国土空间开发失衡与失调等异常情况具有极强的积累性，造就了资源环境承载力超载的警情具有积累性特点。目前，任何自然灾害、灾难或生态环境事件都经历了由量变到质变的过程（丁同玉，2007），而不是一朝一夕形成的。资源环境承载力系统警情的突发性特点是由其组织运行规律决定的，与警情的积累性特点是一脉相承的因果关系，警情积累性是导致警情突发性的直接原因。这就要求在资源环境承载力监测预警时必须涵盖一定的时间、空间范围，在准确研判警源的规律或趋势的基础上，对可能出现的警兆、警情一定要及时发布警报并提出具体化解措施。

（2）警兆的滞后性特点。

警兆具有一定的滞后性。在警情的量变过程中，警兆一般不会完全暴露出来，一般当警情接近或达到质变点时警兆才会逐步暴露出来。当警兆完全暴露出来时，则意味着警情已经非常严重，或者说警情已经造成非常严重的危害或重大损失。因此，资源环境承载力监测预警时，特别是在监测预警指标体系构建时，一定要考虑指标体系的先验性，避免因指标选择对警兆滞后性考虑不充分而导致监测预警不准确。

（3）警源的复杂性特点。

根据系统科学理论，资源环境承载力系统是一个由很多相互作用联系的要素构成的复杂巨系统，且各要素之间存在复杂的非线性、动态性特征，进而决定了资源环境承载力监测预警警源的复杂性（方创琳等，2019）。无论资源环境承载力系统出现何种一种警情，其背后都必然存在一个或多个警源。因此，深刻剖析资源环境承载力系统构成要素以及各要素之间相互影响、相互制约与相互促进的数量关系是监测预警的重要基础，直接关系到监测预警过程中能够准确研判警情背后的警源问题，直接决定着预警成效。

（4）警报的及时性特点。

资源环境承载力监测预警的目的就是及时预研预判可能出现的临界超载或超载问题，并能够及时发布警情预报，及时发现化解警情的应对措施。因此，在资源环境承载力监测预警研究过程中，特别是在监测预警指标阈值划分时，必须充分考虑监测预警指标阈值划分的敏感性、高效性，确保警情预报的及时性和高效性。

2.2　相关理论基础

资源环境承载力是一个庞杂的巨系统，开展资源环境承载力监测预警研究必须以系统科学理论、耦合协同理论、现代地域功能理论、可持续发展理论、空间结构理论为重要基础理论支撑。

2.2.1 系统科学理论

系统是由相互影响、相互作用的多元素构成的复合体。系统科学理论指出，任何具有一项或多项特定功能且相互之间具有密切联系的诸多要素所构成的整体都可以被看成一个系统（江东等，2021）。从系统科学理论角度来看，资源环境承载力系统是由资源要素、环境要素、人类生产要素、人类生活要素等相互作用下形成的动态复杂巨系统，也可以看作人类活动参与下资源环境系统沿时间轴发展形成的动态、多维、复杂的人与自然相互作用关系的时空系统。按照系统科学中"要素—结构—功能"的理论观点，系统结构是系统功能实现的基础，而系统结构依赖于系统要素的组织形式与相互间的作用关系。因此，只有充分剖析资源环境承载力系统中资源要素、环境要素、人类生产要素、人类生活要素的相互作用机制，系统地拆分资源环境承载力系统要素结构，才能有针对性地对资源环境承载力集成评价，并利用定量决策分析模型科学研判资源环境承载力可能存在的超载警情。

2.2.2 耦合协同理论

耦合协同理论主要阐述系统中要素间既相互促进又相互制约的作用关系，使各要素的微观行为得到"协同"和"合作"，而产生出宏观的"序"，其结果形成了系统错综复杂的耗散结构体系（方创琳等，2019）。根据耦合协调理论，良性耗散结构具有极强的协同力和合作力，系统特定功能的发挥有利于进一步降低系统的熵值，进而巩固和革新系统耦合的耗散结构；恶性非耗散结构的协同力和合作力极弱，使系统的不稳定性增大，进而熵值升高，进一步遏制系统功能的发挥，且功能反过来也可进一步恶化系统结构，加速系统结构的消亡。从耦合协同理论角度来看，资源环境承载力是一个具有整体性和倏忽性等重要特性的耗散结构系统。其结构和功能的性质取决于人类生产生活发展方向与资源环境系统所提供的物质、能量的潜在利用方向之间的耦合协同关系，若两者不存在重大偏离，协同效应显著，协同系数大，资源环境承载力视为耗散结构，否则为非耗散结构。因此，资源环境承载力监测预警必须在耦合协同理论指引下，有效测度系统中各要素间的协同效应，准确研判系统内部物质流、能量流、信息流的有序化结构，重点突出其在组织上、空间上和时间上的多维度耦合协同。

2.2.3　现代地域功能理论

现代地域功能理论主要阐述一定的地域空间在更大的地域范围内，在自然资源和生态环境系统中、在人类生产和生活活动中所履行的综合职能和发挥的作用（盛科荣等，2016）。生态学揭示了在没有人类活动的假设条件下，自然界在地域空间上会形成差异化的自然地域功能类型，进而形成有序的自然生态格局（郑度，1998），保障了不同自然要素之间和不同功能地域之间的作用联系以及自然生态系统的相对稳定性，维系了自然生态系统的本底功能（杨勤业等，2002）。随着人类生产生活活动的出现，在自然生态系统形成的各种服务功能的基础上，不断叠加着人类利用自然地表而出现的新地域功能（樊杰，2019），如农业、工业生产功能等。但人类活动的介入遵循着自身的空间配置规律，各种生产生活活动有着自身的区位指向和选择原理，如中心地理论等，仅从满足生产生活活动空间区位与布局合理性的角度进行选择，有可能会选择维系自然生态系统本底功能重要性程度高或脆弱性强的区域，进而对自然生态系统产生很大的扰动。因此，如果按照自然生态系统分布有序优先，坚持人类生产生活活动对自然生态系统的扰动最小，那么供给人类生产生活活动的空间未必是适宜人类需求的空间；如果按照人类生产生活活动分布有序优先，没有充分考虑人类活动对自然生态系统产生的扰动，以人类生产生活活动适宜程度进行有序的空间布局，那么可能对自然生态系统产生不合理的破坏，如伴随我国工业化、城镇化快速发展而出现的国土开发秩序混乱、资源环境代价沉重等问题就属于此类情况。因此，资源环境承载力监测预警应在现代地域功能理论指导下，寻求科学认知方法，厘清资源环境系统与人类生产生活系统间的逻辑关系。

2.2.4 可持续发展理论

可持续发展是指既要满足当代人需求，又不影响后代人的发展。可持续发展理论主要阐述人口、资源、环境、发展之间相互关联、相互影响、相互制约的作用关系及耦合协调发展，所要解决的核心问题是人口问题、资源问题、环境问题以及发展问题，最终目标是实现协同发展、公平高效发展和多维发展（樊杰，2007）。从可持续发展理论角度来看，资源环境承载力所关注的核心问题与可持续发展关注的核心问题是一致的，资源环境承载力最终要解决的问题就是可持续发展问题，实现人与自然的和谐共生、协调发展、共同发展（樊杰，2019）。因此，可持续发展理论作为资源环境承载力的重要理论基础，不仅为理清资源环境承载力系统构成提供了科学依据，也为科学构成资源环境承载力监测预警评价标准奠定了理论基础。资源环境承载力监测预警应在可持续发展理论引导下，科学构建监测预警指标体系，科学划分预警指标阈值。

2.2.5 空间结构理论

空间结构理论主要是阐述社会经济客体经过较长时间发展而形成的空间结构形态及其形成过程、机制、特点（樊杰，2019）。由于传统空间结构理论（赫特纳，1983；陆大道，2001）主要从社会经济发展角度出发，以人类生产、生活的适宜程度进行有序的空间布局，城市化、工业化的快速发展带来了国土空间无序开发、资源过度消耗、环境严重污染等问题，对资源环境系统产生了不合理的破坏。如果考虑对空间开发强度进行合理管制，传统空间结构理论就需要更多地用功能空间比例关系来揭示不同自然地理环境背景下，不同发展水平和发展阶段的空间结构演变规律，进而产生了"三生空间"面状空间组织结构理论。"三生空间"理论的产生与发展，为理清资源环境承载力系统要素结构及相互作用机理提供了更加科学的依据，以生态空间表征资源环境系统、以生产空间表征生产活动系统、以生活空间表征生活活动系统，使资源环境承载力评价从抽象化走向具体化，且"三生空间"融合协同发展目标更是为资源环境承载力监测预警提供了更加科学、更加具体的评价标准。因此，无论是从理论层面还是从实践层面，在"三生空间"视角下探讨资源环境承载力监测预警问题都更加具有科学性、合理性。

第3章 "三生空间"视角下资源环境承载力理论辨析

在前述概念界定及基础理论分析的基础上，本章重点针对目前学术界关于资源环境承载力研究的争议问题，提出本书的研究假说并予以严密演绎推理，然后以此为基础深入探析资源环境承载力组织构架与评价原理，为后续章节奠定坚实的理论基础。

3.1 资源环境承载力的学术争议

从资源环境承载力演进发展历程来看，其已有200多年的发展历史。在这一发展历程中，生态学、经济地理学、区域经济学及其他相关学科最新、最前沿的理论研究成果，都被吸纳和应用于资源环境承载力的分析与研究，资源环境承载力的应用范围也越来越广，逐步成为国土空间规划、城镇建设规划等重要科学基础（张林波等，2009）。但在这200多年的时间里，资源环境承载力理论方法也反复不断地受到批评、质疑甚至否定，学术争论一直没有停息过（樊杰等，2017b）。

3.1.1 真命题与伪命题之争

目前,学术界关于资源环境承载力概念有两种不同的声音。由于资源环境承载力存在着理论基础薄弱、宏观调控机理缺失、实践操作性不足等问题,不时有学者发出资源环境承载力不存在,是一个伪命题的声音。Hutchinson(1978)、Botkin(1990)认为过去数十年几乎没有实证研究表明资源环境承载力是存在的;Lindberg 等(1997)、Buckley(1999)认为资源环境承载力具有模糊性和不确定性的缺陷,应废弃相关研究。但是,社会经济发展与资源环境支撑条件日益突出的种种矛盾一再表明,资源环境承载力虽然是动态的和相对的,但却是一种客观存在的事实,而不是一种用来粉饰学术研究的伪概念,同时在实践层面也为国家或地区的相关建设规划提供了重要的科学基础。正如 Sayre(2008)所说,否定论者从未跳出自己的研究领域而全面地看待资源环境承载力的历史演进,尽管存在缺点,但资源环境承载力的概念在直觉上仍是显而易见的(付金存等,2014)。因此,资源环境承载力不仅是一个具有人类极限意义的科学命题,而且是一个具有实践价值的人口与资源环境协调发展的政策议题,甚至是一个涉及人与自然关系、关乎人类命运的哲学问题(封志明等,2017)。

3.1.2 承载力与承载状态之争

目前,学术界关于资源环境承载力有两种不同的评价理念。有的学者认为资源环境承载力研究应该回归本源,即"地球到底能养活多少人口",将资源环境承载力界定为在可预见时期内利用国家或地区的能源和其他自然资源环境以及智力、技术等条件,在保证符合其社会文化准则的物质生活水平下所能持续供养的人口数量,或以经济规模大小或其他标度表征资源环境承载力变化趋势(封志明和李鹏,2018;王亮和刘慧,2019)。这一评价理念一般以人口数量的多少或经济规模大小揭示资源环境系统对人类社会经济活动的最大支撑能力,通过国家或区域可承载人口数量(极限值)与实际人口数量的比较,或通过可承载经济规模结构与实际经济规模结构比较来评价承载状态，或者不对承载状态进行评价。由于社会系统是一个开放的系统，人口跨区域流动和资源要素跨区域流动是常态，决定了人类社会经济活动的流动性，进而决定了资源利用活动和环境污染、生态扰动等的跨区域特点，同时人类社会经济活动对资源环境系统的需求标准、开发与利用的技术水平，都会随着社会经济发展而动态变化，导致这种评价理念受到广泛的争议。正如 Arrow 等（1995）所说，由于人类创造与生物进化的结果具有不可知性，一个简单数量上的人口承载力是没有意义的。于是，有学者提出了资源环境系统可承受的最大损害程度的评价理念，即将资源环境承载力界定为国家或地区的自然本底条件所能承受的人类生产生活活动所带来的最大损害程度（极限值），通过开发强度等指标判断资源要素承载力的大小，如利用主要污染物的排放量与区域环境容量之间的关系来判断环境要素承载力的大小（岳文泽等，2018）。这一评价理念关注焦点并不是极限值（阈值）本身，而是极限值背后的承载状态，往往以承载状态评价值的大小表征承载能力的强弱，因此出现了承载力与承载状态之争。虽然承载状态评价往往并没有给出可承载人口或经济规模的极限，但因承载状态评价不但可以间接表征承载力的强弱，而且可以直接表征承载力对应的承载状态是否超载，而逐步成为学术界研究的主流。虽然承载状态评价理念已成为主流评价理念，但仍然面临承载能力、承载压力与承载潜力逻辑不清的问题。承载能力表征资源环境要素的支撑能力，承载压力表征人类社会经济活动带来的资源环境压力，承载潜力表征人类通过创新、科技、管理等改善支撑力或降低压力而带来资源环境承载力提升的润滑力。如果在这一评价理念下将承载能力、承载压力和承载潜力的评价相结合，明确资源环境本底条件评价与承载能力的关系、承载状态评价与承载压力的关系，必将能够为可持续发展决策提供更加有效的支撑。

3.1.3 短板效应与集成效应之争

目前，学术界关于资源环境承载力有两种不同的评价机理。传统的资源环境承载力评价主要依据"木桶原理"，坚持最小因子限制原则，采用

"短板效应"判断综合承载状态,即以最稀缺的资源决定资源环境承载力的大小。这种评价机理导致超载区域过多及划定的限制开发区过多,某些区域可能因某一资源或环境要素的短板,而成为限制开发区或禁止开发区,使社会经济发展与生态环境保护之间的矛盾尖锐化,进而导致资源环境承载力的研究结果与实际明显不符,研究结果的实际应用价值大打折扣,进而也引起学术界对资源环境承载力概念的质疑(石忆邵等,2013)。如资源匮乏是资源环境承载力的制约因素,而不是决定因素,资源匮乏区域的资源环境承载力不一定就绝对的低,如日本土地资源、矿产资源等相对匮乏,但其人口与社会经济发展所呈现出的资源环境承载力并不低(Onishi,1994),再如我国的北京、上海、深圳等城市也是如此。于是,学术界提出了另一种资源环境承载力评价机理,即对某一特定区域,在开放系统下,当某一限制因子的数量不足时,可以通过其他方式进行补偿,即综合效应原理或者集成效应原理。集成效应原理以各因子的权重大小来区分各因子对地区承载力的影响,它能够体现各个要素之间的联系和补偿效应。即在承认某一个要素因子"短板效应"的基础上,以技术修复改良该要素因子或在满足人类活动基本需求条件下相对降低该要素因子限制标准,充分发挥其他优势要素因子补偿效应,通过限制要素因子与其他优势要素因子的集成效应实现资源环境承载力的科学综合评价,能够更加客观地反映资源环境系统支撑能力与经济社会系统发展需求的平衡状况。因此,集成效应评价机理逐步成为学术界研究主流。

3.2 资源环境承载力的研究假说及其演绎推理

针对目前学术界关于资源环境承载力研究存在的学术争议问题,本章提出以下两条研究假说,并对研究假说进行了比较缜密的演绎推理,为后续实证研究奠定理论基础。

3.2.1 资源环境承载力研究假说一及其演绎推理

3.2.1.1 资源环境承载力研究假说一

研究假说一：资源环境承载力是个真命题，是一个极限的概念。随着人类对自然界开发利用能力的发展变化以及人类对自然界索取需求标准的发展变化，这一极限值也在发展变化。受人类对自然界认知水平的限制，目前还无法精准测度资源环境承载力客观存在的极限值，人类所有对资源环境承载力的探索与测度只是对客观存在极限值的估计，随着人类对自然界认知水平的提升，估计值会越来越逼近自然界客观存在的极限值。

资源环境承载力由承载体和承载对象构成，土地资源、水资源、大气环境、水环境等资源环境要素作为承载体是客观存在的，农业生产、工业生产、服务业生产、城市生活、乡村生活等人类生产生活活动作为承载对象也是客观存在的。根据哲学认知论，承载体对承载对象的"最大负荷"也应该是客观存在的，且会随着承载体和承载对象的发展变化而变化，即随着人类对自然界开发利用能力的发展变化以及人类对自然界索取需求标准的发展变化。资源环境承载力研究属于人类对这一客观存在的认知行为，其200多年的发展历程也正是人类对资源环境承载力"最大负荷"或"增长极限"的一个逐步认知过程。只是在现有的科学技术条件下，受限于人类对自然界认知水平，截至目前，这个客观事实一直没有被人类完全准确认知，就像其他还没有被人类准确认知的自然规律、社会规律一样。在资源环境承载力研究200多年的发展过程中，不同学者或组织通过不同技术方法对某一特定时期某一特定区域资源环境承载力的测度评价值都是对其客观存在的极限值的一种估计，并不是极限值本身，因此出现了差异问题，甚至出现较大差异。差异的出现并不是极限值出了问题，而是研究技术方法出了问题。随着科技进步和管理水平的逐步提升、研究技术方法的革新，探索研究将不断深入，人类对资源环境承载力"最大负荷"的估计值也会越来越接近客观存在的极限值，人类的认知也会越来越准确。因此，不仅资源环境承载力极限值是一个动态变化的量，且人类对资源环境承载力

"最大负荷"的认知也是一个动态变化的过程,人类实际测度的资源环境承载力"最大负荷"也是一个动态变化的量,这个变化的量会无限逼近客观存在的变化的极限值,并能够在人类生产生活实践中指导人类更加合理地开发利用各类资源、更加科学地保护生态环境,促进人与自然的和谐共存,实现人类可持续发展。

3.2.1.2 假说一的演绎推理

(1)基于不可再生资源视角的承载力认知。

从形成过程来看,不可再生资源虽然作为自然生态系统本底条件的重要构成要素,之所以被定义为不可再生,主要原因在于其通过自然生态系统修复功能实现自我修复、自我更新的周期太长,一般可能需要经历亿万年的物理化学过程才能实现自我修复、自我更新。相对不可再生资源自我修复、自我更新的周期,人类的生命周期是短暂的。假设如果不可再生资源没有被人类开发利用,那么不可再生资源数量在人类有限的生命周期内是一个基本恒定不变的量。这也进一步说明,不可再生资源数量会随着人类的开发利用而逐步减少。且根据熵理论,人类对不可再生资源不断开发利用的过程也是其可获得性逐步变小的过程,或者说获得不可再生资源的成本越来越高,具体如图 3-1 所示。

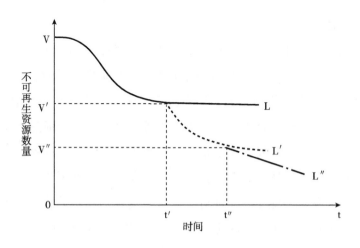

图 3-1 不可再生资源数量随时间变化曲线

不可再生资源作为自然生态系统有机整体的一个重要组成部分，人类对不可再生资源的开发利用不但会导致其总量的减少，同时也会对自然生态系统产生一定扰动损害。人类为了实现不可再生资源可持续利用以及减少在其开发利用过程中对自然生态系统的扰动损害，通常会采取措施限制不可再生资源的开发利用，同时通过加强其可替代品研发或发现新品种来弥补其不足。那么如果在不可再生资源的可替代品研发出来或新品种出来前，人类无节制地过度开发不可再生资源，必然导致其快速消耗乃至耗竭，甚至可能严重破坏自然生态系统的本底条件，进而导致自然生态系统自我修复功能的减弱或丧失，最终带来严重的生态环境问题。

由图3-1可知，V表示自然界中存在的不可再生资源总量，V′表示人类对不可再生资源开采不可突破的基数，即维护自然生态系统自我修复功能必须保持的不可再生资源存量，V-V′则表示人类对不可再生资源的最大容许开采量。如果人类对不可再生资源的开发利用量没有突破其最大容许开采量，则不会损害不可再生资源对应的自然生态系统本底条件，也不会对自然生态系统自我修复功能产生不可逆的恶劣影响。同时，随着不可再生资源可替代品的研发或新品种的出现，实现对不可再生资源逐步替代，不可再生资源的开发强度将趋于稳定，不可再生资源数量将按照图中曲线L慢慢趋于平缓。这一过程是不可再生资源可持续利用的过程，也是人类可持续发展的过程。

如果人类对不可再生资源无节制地过度开采并在t′时刻突破最大容许开采量V-V′，那么将对自然生态系统本底条件产生损害，导致自然生态系统自我更新、自我修复能力减弱，进而出现影响人类生产生活的环境问题。为改善生态环境人类开始限制不可再生资源开采，同时会通过人工修复来恢复因不可再生资源开发利用所带来的自然生态系统损害问题。如果人工修复能够逐步恢复自然生态系统自我修复功能，且不可再生资源可替代品的研发或新品种的出现能够实现对不可再生资源的逐步替代，则不可再生资源开发强度也会逐步趋于稳定，不可再生资源数量会按照图中曲线L′慢慢趋于平缓。但在这一过程中人工修复成本一般会远远高于不可再生资源过度开发利用所带来的收益，如矿产资源过度开发造成生态环境破坏的修复成本一般远高于因矿产资源过度开发带来的收益。

如果人类对不可再生资源进一步无节制地过度开发且其开发强度明显快于可替代品研发速度或新品种勘察速度，并在 t'' 时刻超过 V–V″，将对自然生态系统本底条件产生严重破坏，导致自然生态系统自我修复功能遭到严重损害甚至丧失功能，进而出现严重影响人类生产生活的生态环境问题。根据当前科技水平，人类在短时间内无法通过人工修复来实现已被严重损害的自然生态系统问题，甚至可能需要几代人的努力才能恢复自然生态系统自我修复功能，进而导致不可再生资源数量将按照图中曲线 L″ 趋势持续下降，最终可能走向枯竭。

因此，基于不可再生资源视角的承载力认知，资源环境承载力 "最大负荷" 是客观存在的，承载力就是不可再生资源的最大容许开发量 V–V′ 按照人类需求标准可承载的人口数量，即极限值。准确来讲，这一人口数量极限值是不可再生资源承载力大小的一种表征方式，也可用经济规模表征或其他要素，即表征不可再生资源最大容许开发量的一个标量，以下资源环境要素类似。在可预见的时期内，这一极限值会随着人类认知水平的提升，不可再生资源替代品的出现而发生动态变化，即极限值是动态变化的。

（2）基于可再生资源视角的承载力认知。

可再生资源也是自然生态系统有机整体的一个重要组成部分，在强大自然生态系统自我修复功能下具有较强的自我更新、自我修复能力。但是当人类对可再生资源进行开发利用时，都会对自然生态系统产生一定扰动损害。根据熵理论，对可再生资源开发利用也是把有价值的可再生资源（低熵）转化为无价值或低价值的废弃物（高熵）的过程，即普通的熵绝对增加的过程。这一过程由于可再生资源能够通过自然生态系统获取新的能量不断实现自我更新、自我修复，也是维持其可获得性基本不变的过程，进而维持其总量与结构平衡。

如图 3-2 所示，Q 表示自然界中存在的可再生资源的总量，Q′ 表示人类对可再生资源开发利用不可突破的基数，即维护自然生态系统自我修复功能必要保持的可再生资源存量，Q-Q′则表示可再生资源的最大容许开采量。如果人类对可再生资源的开发利用量没有突破其最大容许开采量，则不会损害可再生资源对应的自然生态系统本底条件，也不会对自然生态系统自我修复功能产生不可逆的恶劣影响。同时，在可再生资源开发利用过程中，随着可再生资源的自我更新、自我修复，将会维持其总量与结构基本不会变化，如图中与时间轴平行的直线 s，意味着可再生资源是可持续利用的，人类是可持续发展的。

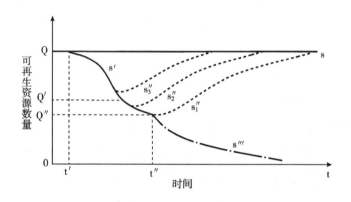

图 3-2   可再生资源的数量变化曲线

如果人类对可再生资源无节制地过度开采并在 t′时刻突破最大容许开采量 Q-Q′，那么也将对自然生态系统本底条件产生损害，导致可再生资源自我更新、自我修复能力减弱，且出现影响人类生产生活的环境问题，同时可再生资源总量也会表现出与不可再生资源类似的减少过程，如图中的曲线 s′。为改善生态环境人类也同样开始限制可再生资源开采，同时会通过人工修复来恢复因可再生资源过度开发利用所带来的自然生态系统损害问题。如果人工修复能够逐步恢复可再生资源自我更新、自我修复能力，则可再生资源开发强度会逐步减少并趋于稳定，其总量与结构也会逐步恢复平衡，如图 3-2 中的 s_1''、s_2''、s_3'' 曲线。但在这一过程中人工修复成本一般会高于可再生资源过度开发利用所带来的收益，如退耕还草、退耕还林、土地沙漠化盐碱化治理等成本远高于因乱垦滥伐土地资源带来的收益。

如果人类对可再生资源进一步无节制过度开发利用，且过度开发强度明显快于其人工修复后可再生资源自我修复、自我更新速度，并在 t'' 时刻超过 Q-Q″时，将对自然生态系统本底条件产生严重破坏，进而导致可再生资源自我修复、自我更新能力将进一步减弱甚至逐步丧失，且可能不可逆，即在当前科技水平下无法短时间内实现人工修复，进而出现严重的生态环境问题，可再生资源总量可能出现与不可再生资源类似的快速减少过程，即按照图 3-2 中曲线 s‴趋势持续下降，最终可能走向枯竭。

因此，基于可再生资源视角的承载力认知，资源环境承载力也是客观存在的，承载力就是可再生资源的最大容许开发量 Q-Q′按照人类需求标准可承载的人口数量，即极限值。在可预见的时期内，这一极限值也会随着人类认知水平的提升，可再生资源开发利用效率的改善而发生动态变化。

（3）基于生态环境视角的承载力认知。

生态环境作为自然生态系统有机整体的一个最重要组成部分，像可再生资源一样，在强大自然生态系统自我修复功能下具有较强的自我更新、自我修复能力。其自我更新、自我修复能力主要表现在两个方面：一是自然资源与生态环境是一对天然的孪生兄弟，自然资源的自我修复、自我更新离不开生态环境，即自然资源必须依赖一定的生态环境条件，才能获取新的能量，才能完成自我修复、自我更新，进而维持其总量与结构平衡；二是生态环境作为收纳自然资源新陈代谢废弃物和人类生产生活废弃物的空间，必须消耗自然界中一些特殊自然资源或借助自然资源之间特殊的能量转化才能形成对废弃物的吸收与同化能力，即生态环境实现自我净化、自我更新。生态环境对废弃物的吸收和同化过程也是普通熵增加的过程，是一个极其复杂的物理化学过程，必须消耗一定的自然资源能量或者借助自然资源获取一定新的能量输入才能完成这一过程。由于生态环境自我净化、自我更新能力受其必须依托的特殊自然资源数量或自然资源间能量转化的约束，即其对应的自然生态系统本底条件的约束，生态环境的吸收能力和同化能力是有限的，存在一个可容纳废弃物的最大容量。

如图 3-3 所示，U 表示自然界中存在的生态环境总容量，U′ 表示人类活动不可突破的生态环境容量基数，即维持其自我更新、自我修复即同化能力与吸纳能力必须要保持的生态环境容量存量，U-U′ 则表示生态环境的最大容纳量。如果人类活动产生的废弃物没有突破生态环境最大容纳量，则不会损害生态环境对应的自然生态系统本底条件，也不会对自然生态系统自我修复功能产生不可逆的恶劣影响。同时，随着生态环境的自我更新、自我修复，将会维持其容量不会减少或恶化，如图 3-3 所示中与时间轴平行的直线 N，意味着生态环境是可持续利用的，人类是可持续发展的。

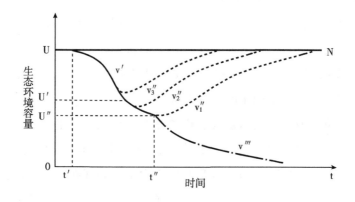

图 3-3　生态环境容量的变化曲线

如果人类活动产生污染物无节制地过度排放并在 t′ 时刻突破生态环境最大容纳量 U-U′，那么将对其对应的自然生态系统本底条件产生损害，导致生态环境自我更新、自我修复能力减弱，并随着其同化能力与吸纳能力的减弱，污染物会逐步在生态环境中积淀，且出现影响人类生产生活的环境问题，同时生态环境容量也会表现出与可再生资源类似的减少过程，如图 3-3 所示中的曲线 v′。为改善生态环境人类开始限制各类污染物排放，同时会通过人工修复来恢复因污染物过度排放所带来的自然生态系统损害问题。如果人工修复能够逐步恢复生态环境自我更新、自我修复能力即同化能力与吸纳能力，则污染物排放强度会逐步减少并趋于稳定，其总量与结构也会逐步恢复平衡,如图 3-3 所示中的 v_1''、v_2''、v_3'' 曲线。但在这一过程中人工修复成本一般会高于污染物过度排放所带来的收益,如水环境污染治理、土壤环境污染治理等成本远高于因过度污染带来的收益。

如果人类活动产生污染物进一步无节制过度排放且排放强度明显快于人工修复过程中生态环境同化力与吸纳力的恢复速度,并在 t'' 时刻超过 U-U'' 时,将对自然生态系统本底条件产生严重破坏,进而导致生态环境自我更新、自我修复能力进一步减弱甚至逐步丧失且可能不可逆,即在当前科技水平下无法短时间内实现人工修复,进而出现非常严重的生态环境问题,生态环境容量可能出现与可再生资源类似的快速减少过程,即按照图 3-3 中曲线 v''' 趋势持续下降,最终导致人类无法生存与发展。

因此,基于生态环境视角的承载力认知,资源环境承载力也是客观存在的,承载力就是生态环境可接纳废弃物的最大容量 U-U' 按照人类需求标准可承载的人口数量,即极限值。在可预见的时期内,这一极限值也会随着人类认知水平的提升,环境保护、生态修复的改进而发生动态变化。

3.2.2　资源环境承载力研究假说二及其演绎推理

3.2.2.1　资源环境承载力研究假说二

研究假说二:以可承载人口数量(或其他方式)表征资源环境承载力大小和以可承受最大损害程度表征资源环境承载力大小的两种评价理念,其评价机理都是揭示人类生产生活活动对资源环境系统的作用关系,故其对承载状态的评价结果具有一致性。

资源环境承载力是由资源承载力、环境承载力等单要素承载力演化而来的,是以综合效应对资源承载力、环境承载力等的集成表达。自然生态系统自我修复功能是由其构成的山水林田湖草沙自身平衡的本底条件决定的,无论从资源要素来看,还是从环境要素来看,资源环境承载力研究的核心问题主要是指在维持自然生态系统自我修复功能的山水林田湖草沙自身平衡的本底条件下合理布局人类的生产生活活动。虽然人类对资源环境开发利用的任何一种生产活动或生活活动,都会对自然生态系统本底条件产生一定的扰动损害，当扰动损害程度控制在一定阈值范围内时，只会影响自然生态系统自我修复的速度，不会损害其自我修复功能，不需要借助人类干预，自然生态系统自身仍然可以通过其强大的自我修复功能实现资源环境要素的自我更新、自我修复，并维持其总量与结构平衡。如果人类生产生活活动的扰动损害程度比较严重并达到损害自然生态系统本底条件的质变点时，就会损害其自我修复功能，进而减弱资源环境要素的自我更新、自我修复能力，此时必须借助人类高成本、大力气的干预才能逐步恢复其自我更新、自我修复能力。如果人类生产生活活动的扰动损害程度非常严重并达到破坏自然生态系统本底条件的质变点时，就会破坏自然生态系统自我修复功能，且以当前人类科技水平将无法恢复或在短时间内恢复其自我修复功能，导致资源环境要素自我更新、自我修复能力持续下降甚至逐步丧失，将出现非常严重的生态环境问题，甚至危及人类的生存与发展。

无论是以可承载人口数量或经济规模或其他标度表征资源环境承载力大小的评价理念，还是以可承受最大损害程度表征资源环境承载力大小的评价理念，都是为了揭示上述人类生产生活活动对自然生态系统的作用关系，其评价目的都是为了判别承载状态，为人类可持续发展提供理论支撑，因此两者的评价结果是一致的，只不过是对承载对象的表征形式不同而已。充分借鉴国内外已有的研究成果（包群等，2005；方创琳和杨玉梅，2006；陆旸和郭路，2008；樊杰等，2017a），可以归纳总结出以可承载人口数量表征的资源环境承载力与时间（社会经济发展水平）耦合规律符合 Logistic 曲线，而以可承受最大损害程度表征的资源环境承载力与时间（社会经济发展水平）耦合规律则符合库兹涅茨倒 "U" 形曲线。如果将两条曲线拟合到一张坐标图中，可以发现两条曲线存在明显的对应关系，库兹涅茨倒 "U" 形曲线恰好是 Logistic 曲线的导数曲线，意味着 Logistic 曲线的拐点与库兹涅茨倒 "U" 形曲线的极值点对应，具有丰富的经济含义，符合人类生产生活活动对资源环境系统作用的实践规律，具体如图 3-4 所示。

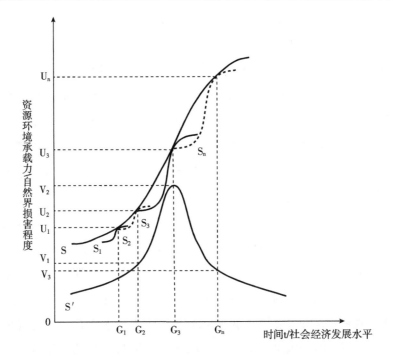

图 3-4　资源环境承载力/自然环境损害程度的变化曲线

3.2.2.2　假说二的演绎推理

（1）基于 Logistic 曲线的承载力认知。

从 Logistic 曲线来看，纵坐标表示以可承载人口数量或经济规模或其他形式表征的资源环境承载力，即可承载最大人口数量或经济规模或其他指数数值；横坐标则表示时间 T 或社会经济发展水平。任何一个地区在每一个特定的时间段，资源环境承载力水平与时间 T 的耦合均符合 Logistic 曲线规律，如图中的曲线 S_1、S_2、S_3、$\cdots$，S_n 都对应着区域在每一个特定时间段的 Logistic 曲线，即短期的 Logistic 曲线规律。这些短期 Logistic 曲线的形状和坐标系中的位置都存在明显差异。从形状来看，沿纵坐标向上的短期 Logistic 曲线初始值至终点值的距离以及变化幅度越来越大，这意味着短期 Logistic 曲线的动态演化周期越来越长。从位置来看，随着时间推移，短期 Logistic 曲线是逐步向右上方移动的。这些变化特征都是由资源环境承载力的动态演化规律决定的，究其根源主要是由不同时期的智力、科技以及人类对自然规律认知水平、人类对自然界索取的需求标准等因素共同决定的，且不同时期对应的短期 Logistic 曲线都会存在一个资源环境承载力的短期阈值（极限值），如图中的 U_1、U_2、U_3、…、U_n 所示，按照时间顺序分别对应着不同时期的资源环境承载力阈值。这些短期阈值的大小也是由当时的智力、科技以及人类对自然规律认知水平、人类对自然界索取的需求标准等因素共同决定的。在人类社会经济发展的不同时期，都会对应着不同的资源环境承载力短期阈值，如图 3-4 中的 G_1、G_2、G_3、…、G_n 所示，只要人类对资源环境的开发利用没有突破其对应的短期阈值，且人类智力提升及科技进步能够促进短期 Logistic 曲线的新旧更替，就可以实现可持续发展；反之，就是不可持续发展，严重突破资源环境承载力短期阈值时会影响短期 Logistic 曲线的新旧更替，可能导致社会经济发展的放缓甚至停滞。

从长期来看，资源环境承载力动态演化规律与人类社会经济发展的历史进程具有明显的一致性，资源环境承载力水平与人类社会发展水平的长期耦合也符合 Logistic 曲线规律。如果将人类社会经济发展过程细分成无数个发展阶段，则每一个发展阶段都会对应一个短期的资源环境承载力与人类社会经济发展耦合的 Logistic 曲线，当细分阶段数趋于无穷大时，则对应无穷多个短期 Logistic 曲线，以所有短期的 Logistic 曲线外包络线即可推导出长期的 Logistic 曲线。即以每一个短期 Logistic 曲线资源环境承载力阈值与对应的社会经济发展水平值的坐标（G_1，U_1）、（G_2，U_2）、（G_3，U_3）、…、（G_n，U_n）为切点，画一条与所有短期 Logistic 曲线 S_1、S_2、S_3、…、S_n 相切的外包络线，即得到了资源环境承载力水平与人类社会发展水平耦合的长期 Logistic 曲线 S，这也是人类可持续发展过程中不可突破的资源环境约束边界。人类社会经济发展的历史进程一般可分为原始社会、农业社会、工业社会和生态文明社会 4 个发展阶段，也可进一步细分成更多的发展阶段。

在原始社会，人类对自然规律的认知水平极低，改造自然、利用自然的能力极弱，社会经济发展水平极低，主要靠采摘、狩猎等简单的劳作维持生存,人类自能被动地接受自然的馈赠,对应的资源环境承载力整体水平也极低。即这一阶段对应的资源环境承载力与社会经济发展水平的耦合曲线处于短期 Logistic 曲线 S_1 的位置。随着人口慢慢增长和人类对自然规律认知水平提升,被动地接受自然的馈赠已经满足不了人类生存需求,迫使人类开始尝试性地改造自然、利用自然,由此出现了简单的农耕、农牧等农业生产活动,诱发资源环境承载力与社会经济发展水平的耦合曲线发生第一次突变,短期 Logistic 曲线以曲线 S_1 的切点(G_1,U_1)为初始点,沿长期 Logistic 曲线 S 向右上方移动至曲线 S_2 的位置,标志着人类步入了农业社会。进入农业社会后,随着人类对自然规律的认知水平逐步提升,通过改造自然、利用自然,农耕、畜牧养殖等农牧业得到了一定程度的发展,资源环境承载力整体水平得到提升。但是,人类对自然规律的认知水平依然处于较低水平,人类改造自然、利用自然的能力依然较弱,生产空间的分布是相对孤立、分散的,活动范围也非常狭小,人类生产依然受诸多自然条件的约束或束缚,与此相适应的生活活动主要表现为必要的生理活动,生活空间的建构还处于萌芽状态,结构层次比较单一、局限,人与自然之间的物质变换还是被动进行的,人与人之间的物品贸易萌芽非常滞后,对应的资源环境承载力整体水平依然相对较低。而到农业社会后期,由于人口的快速增长,人与人之间物品贸易往来的快速发展,农业生产方式已满足不了人口快速增长的需求,社会经济发展面临的人地矛盾日益突出,导致土地资源、水资源过度开发利用。问题促进科技创新,随着科技进步和人类对自然规律认知水平逐步提升,人类改造自然、利用自然的能力快速提高,出现第一次工业革命和第二次工业革命,诱发资源环境承载力与社会经济发展的耦合曲线发生第二次突变,短期 Logistic 曲线以曲线 S_2 的切点(G_2,U_2)为初始点,沿长期 Logistic 曲线 S 向右上方移动至曲线 S_3 的位置,标志着人类步入工业化社会。进入工业化社会后,由于科技进步的推动,人类对自然规律的认知水平大幅提升,实现了工业的快速发展,弥补了农业社会发展的不足,工业的快速发展不但使生产空间逐步走向机械化、规模化,同时也为生活空间的快速发展提供了丰富的物质内容和技术支撑,区际间商品贸易得到空前的发展，资源环境承载力整体水平得到了显著提升。但是，工业化、城市化的快速发展基本属于对自然资源环境的掠夺式发展，虽然科技革命大大地解放和发展了生产力，但由于生态环境保护与治理的意识滞后，快速经济增长主要靠粗放式的资源、资本投入拉动，工业化、城市化的快速发展也带来了资源过度消耗、环境严重污染乃至自然灾害频发。特别到工业化后期，随着国际贸易、区际贸易的快速发展，以及国际间、区际间产业转移加快，带动产业、人口过度向城市尤其是中心城市、大城市集聚，导致城市无序扩张，生产空间、生活空间过度挤占生态空间，诱发生态环境进一步恶化，逐渐逼近资源环境承载力短期阈值。随着科技进步、人类对自然规律认知水平加深以及人类开始逐步重视生态环境保护与治理，诱发资源环境承载力与社会经济发展的耦合曲线发生第三次突变，短期 Logistic 曲线以曲线 S_3 的切点（G_3，U_3）为初始点，沿长期 Logistic 曲线 S 向右上方移动至曲线 S_n 的位置，标志人类步入生态文明社会。进入生态文明社会后，随着人类对自然规律的认知水平逐步加深，人类生态环境保护与治理的意识逐步增强，人类改造自然、利用自然、修复自然的能力显著提升，特别是信息技术革命之后，人类生产方式、生活方式逐步转变，且人类向自然界索取的需求标准也在逐步改善，人类社会经济发展逐步从高速增长转为中高速增长，社会经济发展转向主要依靠科技创新的绿色低碳高质量发展，资源环境承载力整体水平又得以进一步提升，并逐步走向人与自然和谐共生的协同发展。因此，资源环境承载力与社会经济发展水平耦合的长期 Logistic 曲线 S，不仅给出了每个时点社会经济发展不可突破的资源环境约束阈值，同时给出了社会经济发展长期过程中不可突破的资源环境约束边界，比较客观地描述了承载力的存在性、动态性特征。

（2）基于库兹涅茨倒"U"形曲线的承载力认知。

从库兹涅茨倒"U"形曲线来看，纵坐标表示自然界被扰动损害的程度，横坐标表示时间 T 或社会经济发展水平。库兹涅茨倒"U"形曲线 S′是资源环境承载力长期 Logistic 曲线 S 的导数曲线，表示社会经济发展对自然界的扰动损害程度曲线。在 G_3 时刻之前社会经济发展对自然界的扰动损害程度是递增的,于 G_3 时刻达到极值点,即社会经济发展对自然界的扰动损害程度达到最大,G_3 时刻之后社会经济发展对自然界的扰动损害程度是递减的。这一规律与人类社会经济发展的历史进程也具有明显的一致性。从原始社会到农业社会,再到工业化社会,随着人类对自然规律认知水平的逐步提升,人类改造自然、利用自然的能力逐步提高,资源环境承载力也逐步增强,特别是步入工业化社会后,工业革命促进科技快速进步,资源环境承载力提升速度明显加快。但是,由于这一阶段人类向自然界索取的需求层次低、标准低,人类生态环境保护与治理的意识滞后,社会经济发展属于对自然资源环境的掠夺式发展,资源环境开发利用低效、粗放,特别是工业化后期,虽然人类对地表土地改变的规模远比农业社会时期因耕作而改变自然地表的规模要小,但其对空域和地下空间的扰动损害程度却是历史上任何一个时期都无法比拟的,各类资源与生态环境的开发利用程度不断加深(樊杰,2019),并呈现高强度的开发态势,生产空间、生活空间过度挤占生态空间,社会经济发展对自然界的损害程度迅速增大,从 V_1 快速增加到 V_2 并达到峰值,即图 3-4 中的(G_3,V_2)位置,社会经济发展与资源环境支撑条件之间的矛盾日益凸显。随着科技进步、人类对自然规律认知水平加深以及人类开始重视生态环境保护与治理,人类进入生态文明社会后,生态环境保护与治理的意识逐步增强,其生产方式、生活方式逐步转变,向自然界索取的需求标准也逐步改善,人类改造自然、利用自然、修复自然的能力显著提升,社会经济发展转向主要依靠科技创新的绿色低碳高质量发展,经济增长由高速增长转为中高速增长,诱发社会经济发展对自然界的扰动损害程度开始快速下降,并逐步下降到生产空间集约高效、生活空间适度宜居、生态空间山清水秀的人类与自然和谐共生的良好状态,即图 3-4 中的(G_n,V_3)位置,而后趋于平缓。可见,自然界损害程度的库兹涅茨倒"U"形曲线的极值点正对应资源环境承载力 Logistic 曲线的拐点。这意味着自然界被扰动损害最严重的时期,也正是资源环境承载力改善提升最快的时期。我国生态文明建设的实践证明了这一点,党的十八大之前我国社会经济发展对自然界损害程度较为严重，出现了比较严峻的生态环境问题，自党的十八大以来，党和国家加快推进生态文明建设，对自然界损害程度有所降低，生态环境问题有所改善，同时资源环境承载力也得到快速改善提升。因此，无论是以可承载人口数量表征资源环境承载力大小的评价理念，还是以可承受最大损害程度表征资源环境承载力大小的评价理念，关于资源环境系统承载状态的评判是一致的。

由于以可承受最大损害程度表征资源环境承载力大小的评价理念判断逻辑更加清晰、更加直观，已成为学术界研究的主流，资源要素往往通过开发强度等指标判断承载力大小，环境要素则通过主要污染物的排放量与区域容量之间的关系来判断承载力大小。因此，本章将采用可承受最大损害程度表征资源环境承载力大小的评价理念，在进一步厘清资源环境本底条件支撑力、人类生产生活活动施加压力与科技润滑力之间逻辑关系基础上展开相关研究。

3.3 "三生空间"演进与资源环境承载力演进的协同性探析

3.3.1 "三生空间"演进发展

"三生空间"是以现代地域功能理论（陈婧和史培军，2005）为基础，从土地利用功能视角提出的一种国土空间规划治理或城乡空间规划治理的新方法、新战略，将国土空间或城乡空间划分为生产功能空间、生活功能空间、生态功能空间（马世发等，2014），以"三生空间"组织结构优化与耦合协同发展来实现国土空间或城市空间开发利用的优化目标。"三生空间"是共生关系，也是一个相互依存、相互制约的有机整体，地域功能理论揭示了"三生空间"格局独特的演进规律，具体如图3-5所示。

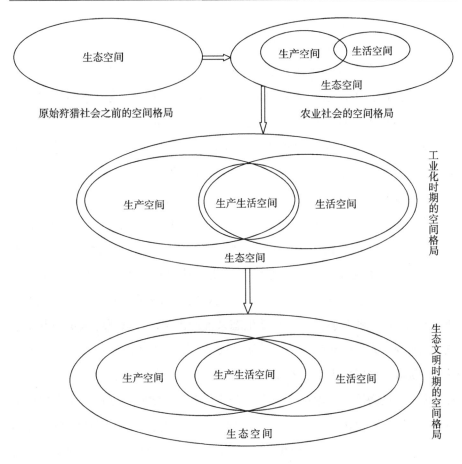

图 3-5　"三生空间"格局演化

从生态学视角来看，地球是一个复杂的生态空间，不同地域在地球自然生态系统健康运行过程中履行着不同的服务功能，如气候调节功能、气体调节功能、水土涵养功能等。在原始狩猎社会之前，人类改造自然能力极弱，主要是顺应自然，自然界遵循自身规律在地域空间上会形成差异化的自然地域功能类型，进而形成有序的自然生态格局，保障了不同自然要素之间和不同功能地域之间的作用联系以及自然生态系统的相对稳定性，维系了自然生态系统的本底功能。人类社会进入农业社会后，选择宜农宜居的区域从事农业生产活动，人类生产生活所需的空间占地表总量的比重持续增加，主要体现为对地表土地的改变。这一时期由于人类的耕作、养殖等生产活动，引起人口一定程度的集聚，生产、生活空间逐步形成，并从生态空间中分离出来，人类生产生活活动对自然生态系统的扰动逐步加大。人类社会步入工业社会后，生产生活所需要的空间不但体现为对地表土地空间的占用，且对空域的影响和占用程度以及对地下空间的利用程度持续快速增加，具体取决于人口规模的扩大，也同生产生活方式有着紧密的关联。这一时期人地相互作用的效应、反馈从地表土地利用过程与格局逐步放大到国土空间范畴。在工业化和城市化过程中，人类对地表土地改变的规模远比农业社会时期因耕作而改变自然地表的规模要小许多，但其对空域和地下空间的扰动程度却是历史上任何一个时期都无法比拟的，生产生活空间过度挤占生态空间，导致各类资源与空间的开发利用程度不断加深，呈现出高强度的开发态势，与此同时资源环境保护力度却明显滞后，人类社会经济发展与资源环境条件支撑之间的矛盾日益凸显，出现人类利用国土空间程度普遍受制于自然生态系统的影响，生态环境保护问题越来越受到重视。人类社会步入生态文明社会后，随着人类对生态文明建设的重视，对资源环境保护力度日益增强，对生态环境修复力度持续加大，资源开发强度和污染物排放强度逐步减少，人类生产生活空间过度挤占生态空间的趋势得到遏制、扭转，生态空间与生产生活空间的交融、协同日益凸显（刘纪远等，2018），并逐步趋向生产空间集约高效、生活空间适度宜居、生态空间山清水秀的发展目标，实现人与自然和谐共生（樊杰，2020）。

综上所述，"三生空间"是在自然生态系统各种自我服务功能的基础上，不断叠加着人类开发利用自然地域空间而出现的新地域功能空间格局（王颖等，2018）。本章认为"三生空间"并不是不交叉的空间分布格局，而是相互交叉融合的空间分布格局。在此空间格局下，维系自然生态系统本底功能的地域分布与满足人类生产生活活动服务功能的地域分布之间并不存在天然的、合理的耦合关系。如果按照自然生态系统分布有序优先，坚持人类生产生活活动对自然生态系统的扰动最小，那么供给人类生产生活活动的空间未必是适宜人类需求的空间。如果按照人类生产生活活动分布有序优先，没有充分考虑人类活动对自然生态系统的扰动，以人类生产生活活动适宜程度进行有序的空间布局,那么可能对自然生态系统产生不合理的破坏。从"三生空间"演进历程来看,首先表现为按照人类生产生活活动分布有序优先规律,生产空间、生活空间对生态空间的过度挤占;其次表现为按照自然生态系统分布有序优先规律,人类对自然生态系统保护与修复,生产空间、生活空间进一步集聚,生产空间集约高效性进一步提升,生活空间适度宜居性进一步改善,且生产空间、生活空间内部出现很多小的生态空间,给生态自我修复留下了更多的空间,"三生空间"逐步走向融合协同发展(樊杰,2019)。

3.3.2 资源环境承载力演进发展

资源环境承载力作为衡量人类活动与自然系统之间相互关系的科学概念,从其概念诞生之日起,就以科学评价自然资源环境系统对人类活动最大载荷为研究目标,在其演进发展过程中逐步成为人类可持续发展度量与管理的重要科学依据。由于资源环境承载力非常形象地阐述了自然界所有生物与自然生态系统之间最基本的数量关系,使之成为生命科学中最为重要的概念之一,乃至成为生态学的第一戒律(张林波等,2009)。Science 杂志创刊 125 周年之际,更是将"资源环境承载力问题"作为向全球发布的 125 个最具挑战性的科学问题之一,使其成为学术界一直高度关注的重点热点问题之一(封志明和李鹏,2018)。

根据前速研究假说二的演绎推理,可以归纳总结出资源环境承载力演进规律:在原始社会时期,人类改造自然、利用自然的能力极弱,自能被动地接受自然的馈赠,人类主要靠采摘、狩猎生存发展,对应的资源环境承载力整体水平也极低,也是人类生产生活活动对自然界损害程度最小的时期。随着人口增长和人类对自然规律认知水平提升,被动地接受自然的馈赠已经满足不了人类需求,促进人类进入农业社会,农耕、畜牧养殖等农牧业得到了一定程度的发展,资源环境承载力整体水平得到提升,但是到了农业社会后期,由于人口的快速增长,农业生产方式已经满足不了人口快速增长的需求,导致土地资源的过度开发利用,人类生产生活活动对自然界扰动损坏程度逐步加深，人地矛盾日益突出。随着科技进步和人类对自然规律认知水平进一步提升，人类改造自然、利用自然的能力快速提高，人类进入工业化社会，特别是第一次工业革命和第二次工业革命之后，实现了工业的快速发展，资源环境承载力整体水平得到了显著提升，但是工业化时期基本属于对自然资源的掠夺式发展期，粗放式经济增长主要靠资源、资本投入拉动，带来了资源过度消耗、环境严重污染等问题，特别是工业化后期，产业和人口过度向中心城市、大城市集聚，导致城市无序扩张，生产空间、生活空间过度挤占生态空间，生态环境进一步恶化，美丽、安全、和谐的生产生活环境日益成为人类的重要需求，工业化后期也是人类生产生活活动对自然界损害程度最大的时期。随着科技进步、人类对自然规律认知水平加深以及人类重视生态环境保护与治理，促进人类步入生态文明社会，特别是信息技术革命之后，人类生产生活方式逐步转变，人类向自然界索取的需求标准逐步改善，同时人类合理改造自然、利用自然的能力显著提升，人类生产生活活动对自然界损害程度逐步降低，资源环境承载力整体水平又得以进一步提升，人类社会逐步实现与自然的和谐共生。

综上所述，随着社会经济发展，资源环境承载力是不断提升的，从原始社会时期至工业化时期，资源环境承载力提升速度即人类社会经济发展对自然界损害程度是逐步增加的，在工业化社会后期达到最大值，进入生态文明时期后开始逐步下降。本书将以西部地区为例，通过实证分析检验这一规律。

3.3.3 两者一致性演进规律探析

通过上述"三生空间"演进发展规律与资源环境承载力演进发展规律来看，两者存在明显的一致性演化规律特征。

一是在原始社会时期，无论是从"三生空间"演进规律来看，还是从资源环境承载力演进规律来看，都表现出人类生产生活活动对自然界扰动损害程度最小，由于当时人类改造利用自然的能力极弱，自然界对当时人类生产生活的支撑力极低，导致资源环境承载力极低。

二是进入农业社会时期，无论是从"三生空间"演进规律来看，还是从资源环境承载力演进规律来看，都表现出由于人类对自然规律认知水平的提升，人类改造自然、利用自然的能力得以提升，自然界对当时人类生产生活的支撑力也明显增强，促进资源环境承载力明显提升，但是人类生产生活活动对自然界扰动损坏程度也在逐步加深。

三是进入工业化社会时期，无论是从"三生空间"演进规律来看，还是从资源环境承载力演进规律来看，由于科技革命促进人类对自然规律认知水平显著提升，人类改造自然、利用自然的能力显著增强，自然界对当时人类生产生活的支撑力也显著增强，促进资源环境承载力整体也显著增强，但是人类生产生活活动对自然界扰动损坏程度快速加深，且在工业化后期达到峰值。

四是进入生态文明社会时期，无论是从"三生空间"演进规律来看，还是从资源环境承载力演进规律来看，由于人类对自然界保护和修复意识增强以及对自然界认知水平的进一步提升，人类生产生活活动对自然界扰动损坏程度出现拐点并开始下降，虽然自然界对人类生产生活的支撑力提升缓慢，但是人类改造利用自然界的能力进一步增强，资源环境承载力整体也显著增强。

综上所述，在人类社会不同发展时期，"三生空间"演进规律与资源环境承载力演进规律都存在明显的一致性。因此，从"三生空间"视角探讨资源环境承载力监测预警评价具有科学性、合理性。

3.4 "三生空间"视角下资源环境承载力组织架构及评价原理

3.4.1 "三生空间"视角下资源环境承载力的科学内涵

党的十八大报告从国家生态文明建设战略高度正式提出"三生空间"

的概念，并要求按照人口资源环境相均衡、经济社会生态效益相统一的原则，管控国土空间开发强度，优化国土空间结构布局，促进生产空间集约高效、生活空间适度宜居、生态空间山清水秀，给自然留下更多修复空间，给农业留下更多良田，给子孙后代留下天蓝、地绿、水净的美好家园。2019年中共中央、国务院印发《关于建立国土空间规划体系并监督实施的若干意见》，进一步明确了"三生空间"耦合协同发展目标，到2035年全面提升国土空间治理体系和治理能力现代化水平，基本形成生产空间集约高效、生活空间宜居适度、生态空间山清水秀，安全和谐、富有竞争力和可持续发展的国土空间格局。"三生空间"概念的提出进一步明确了资源环境承载力的载体和空间，使资源环境承载力评价从抽象化进一步转向具体化，为理清资源环境承载力评价原理及思路框架奠定了更加坚实的理论基础。同时，"三生空间"耦合协同发展目标为资源环境承载力监测预警评价提供了更加科学的标准，为资源环境承载力监测预警研究能够更好地服务于国土空间开发与利用以及区域可持续发展奠定了坚实的理论基础。

"三生空间"视角下资源环境承载力是指"三生空间"耦合协同发展目标下资源环境系统作为承载体对作为承载对象的类生产生活活动的承载能力。承载能力是由"支撑力""压力""润滑力"共同作用下形成的"合力"。"支撑力"是指"三生空间"耦合协同发展目标下资源环境系统对人类生产生活活动的支撑力，表现为自然界中已开发利用的和潜在可开发利用的能够服务于人类生产生活活动的资源环境条件；"压力"是指"三生空间"耦合协同发展目标下人类生产生活活动对资源环境系统施加的压力，表现为人类生产生活活动对资源消耗和环境污染的强度；"润滑力"是指"三生空间"耦合协同发展目标下人类生态环境保护意识提升、管理治理能力增强所产生的润滑力，表现为人类对生态环境的保护与修复力度和资源环境的集约节约利用程度。传统资源环境承载力评价只是从支撑力和压力视角进行承载力评价，而忽略了润滑力带来的承载弹性，评价结果争议较大，同时由于缺少空间载体，评价内容抽象、评价标准不明确，是导致部分学者认为承载力是个伪命题的重要原因。因此，从"三生空间"视角探讨资源环境承载力监测预警评价更直观、更科学、更合理。

3.4.2 "三生空间"视角下资源环境承载力的组织构成

从系统科学理论角度来看,资源环境承载力系统是由土地资源、水资源、大气环境、水环境、生态环境、人类生产活动、人类生活活动等要素构成的一个复杂巨系统,并通过空间、能量、转换、贮存、信息反馈等相互作用机制将相关构成要素联系成一个有机整体。随着科技进步以及人类对自然规律认知的逐步深化,资源环境承载力系统会逐步向其构成要素相互适应、相互促进、相互协同的方向演进发展。这一演化过程也可以理解为人类在尊重自然、顺应自然、保护自然的基础上实现"三生空间"功能开发利用效率最大化的过程,具体如图 3-6 所示。

从系统构成来看,"三生空间"视角下资源环境承载力系统由生态空间对应的生态子系统、生产空间对应的生产子系统以及生活空间对应的生活子系统构成。而生态空间子系统又由土地资源子系统、水资源子系统、矿产资源子系统、水和大气环境子系统、生态环境子系统构成;生产空间子系统则由农业生产子系统、工业生产子系统、服务业生产子系统构成;生活空间子系统则由城市居民生活空间子系统、乡村居民生活空间子系统构成。且还可以对农业生产子系统、工业生产子系统、服务业生产子系统、城市居民生活空间子系统、乡村居民生活空间子系统等构成作进一步分解。

3.4.3 "三生空间"视角下资源环境承载力的组织运行

根据整体系统组织构成,任何一个行政区划单元或特定区域都对应着一个具有国定边界与外部环境开放的资源环境承载力系统,且任何一个资源环境承载力系统都是一个有机整体,其内部各子系统之间及各子系统内部各要素之间都存在着相互联系、相互作用、相互促进、相互制约的复杂关系。任何一个子系统的行为变化或者任何一个构成要素发生变化都会诱发整个资源环境承载力系统功能发挥的变化。根据资源环境承载力系统的开放性特征,由于不同区际间不断地进行着物质能量交换及资金、人员、

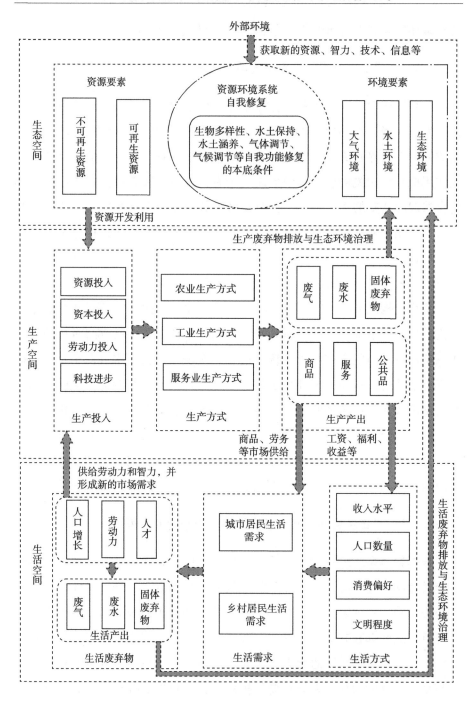

图3-6 "三生空间"视角下资源环境承载力系统构成与组织运行

信息流动,诱发区域资源环境承载力系统内部的各要素之间、要素与外部环境之间存在着频繁的能量、信息流动,导致资源环境承载力系统诸构成要素自始至终经历着发展与变化。

根据生态空间子系统组织构成,自然资源与自然环境是相互交织在一起的一对孪生兄弟,构成了自然资源环境系统,通常也被称为生态空间,即人类赖以生存和发展的生态空间。其中,自然资源作为人类生产生活的物质基础,具有稀缺性、整体性、区域性、多样性等特征。自然资源的稀缺性是指自然资源独特的自然属性决定了其数量与结构的有限性以及其可替代品的有限性。有的自然资源属于不可再生资源,且自然界储量有限,会随着人类的开发利用而逐渐减少。自然资源的整体性特征是指任何一种自然资源都存在于某一个独特的自然生态圈内,与这一独特的自然生态圈形成了相互依存、相互制约的关系,自然资源发生任何一种变化都会诱发其寄生的自然生态圈发生不同程度的改变。自然资源的区域性特征是指区域自然本底条件差异性导致的自然资源在地域分布上不协调、不均衡,以及由此形成的区域相对资源优势,进而形成了区域独特的区位优势与产业结构优势。

自然资源的多样性特征是指地域功能的多样性决定了地域自然资源的多种多样性,而自然资源又可能对应着多种多样的生产功能或生活功能。因此根据上述自然资源的具体特征可将其划分为两类,即不可再生资源和可再生资源。不可再生资源总量会随着人类生产生活的开发利用而不断地减少,如果无节制地开发将导致其快速耗竭;而可再生资源在人类开发利用过程中可以通过不断自我修复、自我更新或者人类有效管理与保护,实现总量与结构平衡。

另外,自然环境是自然资源自我更新、自我修复以及人类活动的空间与载体,具有一定的自我平衡性、区际流动性等特征。自然环境的自我平衡性特征是指自然环境具有一定的自我净化能力,即对废弃物的吸纳与同化能力,自然环境可以通过自我净化维持自身容量的平衡。自然环境的流动性特征是指自然生态系统空间与行政区划空间的不一致性,导致某一行政区划空间的污染物排放可能影响另一个行政区划空间的自然环境质量。自然环境是由自然生态系统中土壤、水、植被、微生物等丰富多样的元素组成的，一些元素已被人类探知，还有一些元素未被人类探知，它们一起形成了自然环境极其复杂的结构和功能，并能不断依靠物质、能量和信息交换维持自身平衡。因此，无论污染物的属性及积淀效应、自然环境自我净化、自我更新等污染过程如何复杂，只要人类活动过度占用生态环境容量导致自然生态系统自身平衡被打破，其结果均表现为生态环境质量的恶化，是不可持续的发展状态。

从生产空间子系统的组织运行来看，生产空间是资源环境承载力系统的核心。生产空间子系统以自然资源为原料基础，以自然环境为空间和载体，采用科学技术与制度机制设计，将生产要素按照特定生产方式组织起来，经加工工艺生产人类各类活动需要的物质产品，是联系生态空间与生活空间的核心纽带。人类生产活动过程不仅需要从生态空间获取自然资源作为生产原料，还需要从生活空间获取智力、劳动力等支撑，同时还受到大气环境、水环境、生态环境等的限制与约束。生产组织方式即通过市场机制、政府宏观调控机制等将不同要素集成在一起，按照生产目标进行组织生产的方式，形成了生产空间子系统特定的结构和功能。生产要素投入规模的增加、质量的提升、配置效率的优化都会促进生产空间子系统的发展，不仅为自身发展提供中间产品，而且为满足不断提升的人类生活水平提供物质产品和精神产品，同时还为解决发展过程中出现的资源环境问题提供资金和技术支撑。

从生活空间子系统的组织运行来看，生活空间是资源环境承载力系统的归宿点。以人为本，促进人与自然的和谐共生，是资源环境承载力监测预警研究的目标与归宿。生活空间子系统是由不同规模与结构的人口群体，收入水平、生活方式对应的消费能力、消费方式，以及政府配套的公园绿地、住房交通、科教文卫等公共服务一起集成具有特定功能结构的空间组织体系。生活空间作为资源环境承载力系统运行的归宿点、落脚点，不仅为生产空间子系统提供劳动力、智力支撑，同时也是保护与修复生态空间子系统数量与结构平衡的关键力量。因此，人口规模、素质结构、消费行为以及收入水平、生活方式、公共服务保障能力的改善都会诱发生活空间子系统组织运行的变化，进而对资源环境承载力系统组织运行产生影响。另外，生活空间作为生产空间子系统产品的消费需求对象，直接影响着生产空间结构与功能发展；作为生态空间子系统的承载对象，受到生态空间限制约束，人口规模过大、消费行为不合理等都会加剧商品和服务消费或浪费、资源过度消耗或浪费以及环境容量过度被占用、公共服务压力剧增等发展不协调问题；但人口过少又会导致劳动力不足、市场需求乏力等社会经济发展问题。

　　综上所述，从"三生空间"视角开展资源环境承载力的监测预警评价，更加坚定了资源环境承载力是存在的、可知的，而且是可度量的，评价对象、评价标准也更加明确，即"三生空间"耦合协同发展目标下资源环境系统作为承载体与人类生产生活活动作为承载对象相互作用所形成的相对平衡的"承载状态"。"三生空间"视角下资源环境承载力监测预警评价即在可持续发展框架下，通过协调"三生空间"耦合协同发展，分别从生态空间山清水秀（含支撑力、润滑力）、生产空间集约高效（含压力、润滑力）、生活空间适度宜居（含压力、润滑力）进行承载能力专项监测预警评价，然后依据集成效应对资源环境承载力进行综合监测预警评价。

3.4.4　"三生空间"视角下资源环境承载力的评价原理

3.4.4.1　"三生空间"视角下资源环境承载力评价的热力学原理

　　根据热力学原理，任何一个物理过程都是一个普遍的熵增加的过程（赫尔曼，2001）。熵是指系统中不工作的能量且不可获得，是对系统无序的一种量度，也是对系统中能量不可获得性的一种量度。无论是自然界自身的物理化学过程，还是人类复杂的生产过程乃至人类生活消费过程，都是能量的转化过程，即从一种能向另一种能转化的过程。在此过程中，任何的能量转换都不是完全有效的，其中部分能量因转换为其他不可获得的能量而损失掉，且能量转化是不可逆的。对于一个封闭系统，如果没有新的能量从系统外部输入，那么这个系统可获得的能量将最终耗尽，进而系统最终会停止运行甚至崩溃。

传统资源环境承载力系统组织运行遵循热力学原理，就是把有价值的自然资源（低熵）转化为无价值或低价值的废弃物（高熵）的一个能量转化过程。生态空间子系统的自然资源作为原材料或能量，进入生产空间子系统，或直接进入生活空间子系统，或经生产空间子系统再进入生活空间子系统，完成能量转化过程或在生产空间子系统和生活空间子系统中暂时积淀下来，最终都会变成无价值或低价值的废弃物重新回归到生态空间子系统中，被生态空间吸纳、同化。在这一过程中，无论是不可再生资源，还是可再生资源，都是能量可获得性逐步变小的过程且是不可逆的过程。

如果资源环境承载力系统是一个封闭系统，没有新的能量从外部输入，可再生资源也将无法完成自我修复、自我更新而变成不可再生资源，且自然环境也将无法完成自我净化，那么生态空间可提供的资源数量会逐步减少并走向枯竭，生产空间生产的产品数量也会随之减少并走向停产，生活空间最终也会因为缺乏无法满足人类需求的产品而变得无法生存，同时排放到生态空间中的废弃物也会逐步积淀增加而出现严重的环境污染危机，不再适宜人类生存发展。但是，地球不是一个封闭系统，会不断从宇宙获取新的能量（如太阳能、天体引力等）来维持自然生态系统的自我修复与自我平衡。资源环境承载力系统也不是一个封闭系统，对于任何一个特定的区域来说，都会不断从区域外部有效获取新的资源、能量、产品、资本、劳动力等生产生活要素，并与区域内自然生态系统本底条件所能提供的各类生产生活要素一起支撑区域社会经济发展的需求，并同时实现区域内区域生态服务功能的自我修复与自我平衡，实现区域"三生空间"耦合协同发展。传统资源环境承载力评价遵循热力学原理，主要根据特定区域内资源环境系统能量转化规律，在区域自然生态系统自我修复与自我平衡的条件下探讨人口承载的极限问题。另外，自然生态系统本底条件的自我更新、自我修复能力并不意味着能量转化过程是可逆的，而是指有效获取新的能量后，自然本底条件生态服务功能的自我修复与自我平衡。

"三生空间" 视角下资源环境承载力系统依然遵循热力学原理。生态空间所表征的自然生态系统自我修复能力更为直观，如生态空间的自我气体调节能力、自我气候调节能力、自我水源涵养能力、自我土壤保持能力、自我生物多样性保护能力等山水林田湖草沙系统自我修复能力构成了自然生态系统的自我修复功能体系。根据生态空间自我修复功能特点，学术界又将生态空间划分为重点调节生态空间、一般调节生态空间和生态容纳空间三类生态空间（张红旗等，2015）。重点调节生态空间是指未被人类开发利用且发挥生态自我修复功能作用的生态空间，如未被人类开发利用的森林空间、草地空间、湿地空间、水域空间以及人类无法到达的冰川雪线等国土空间；一般调节生态空间是指既发挥生态功能，又发挥生产生活服务功能的生态空间，如耕地空间、牧草地空间、商用林地空间、渔业养殖水域、城市绿化空间、风景名胜区等国土空间；生态容纳空间是指不宜被人类开发利用且具有一定容纳严重生态退化作用的生态空间，即具有一定生态服务价值但其功能极其脆弱，如裸岩石砾空间、盐碱戈壁空间、荒地沙漠空间等国土空间，不宜被人类随意扰动损害。生态空间的山水林田湖草沙本底条件造就了自然生态系统具备较强的自我修复能力，即维持自身总量与结构平衡的功能。

虽然资源环境承载力系统具有较强的自我生态修复能力，但依然受热力学定理的约束。即人类任何一项生产或生活行为都会对自然生态系统本底条件产生一定的扰动损害，如城市无序扩张、矿产资源无序开发、污染物无序排放等都会对自然生态系统本底条件产生扰动损害，进而影响其自我修复功能。根据热力学原理，只要把扰动损害程度控制在维持自然生态系统自我修复功能允许的阈值范围内，只会影响其自我修复的速度，其自我生态修复功能不会被损伤，仍可以通过自我修复逐步恢复其总量与结构平衡。当扰动损害程度比较严重或非常严重时，就会量变引起质变，而扰动损伤自然生态系统的本底条件，造成自然生态系统自我修复功能减弱或丧失，甚至出现借助人类大力气、高成本的修复都无法恢复其自我修复功能的极端情况。因此，"三生空间" 视角下资源环境承载力评价的重点之一就是识别生态空间中自然生态系统本底条件存在的短板。

3.4.4.2 "三生空间"视角下资源环境承载力评价的经济学原理

对人类生产生活行为分析不足是传统资源环境承载力评价的最大缺陷之一,也是导致部分学者质疑承载力存在性的主要原因之一。根据经济学原理,资源环境承载力系统组织运行遵循市场供求理论、企业生产理论与消费者行为理论,就是把生态空间子系统有价值的自然资源,经生产空间子系统加工、处理或转化成各类有形或无形商品,经过市场流通满足生活空间子系统人类各种物质需求和精神需求的过程。即人类通过组织资本、劳动力、科技等生产要素,按照利润最大化或成本最小化原理对生态空间子系统自然资源进行采掘开发,并遵循市场交易原则对自然资源进行初加工或直接流通到生产空间,并将采掘开发或加工处理过程中产生的废弃物排放到生态空间;而生产空间子系统再以利润最大化、成本最小化或福利最大化原理,把有价值的自然资源或其半成品生产加工成商品、劳务或公共品半公共品,同时也将生产过程中产生的废弃物排放到生态空间;并将生产加工的商品、劳务或公共品半公共品通过市场流通输入到生活空间子系统。生活空间子系统消费者则以效用最大化的生活组织方式消费商品或劳务,政府则以社会福利最大化的公共服务组织方式消费公共品与半公共品,并将消费过程中产生的废弃物排放到生态空间。在这一循环过程中,如果生态空间子系统的资源被过度开发、污染物过度积累,超出自然生态系统自我修复能力范围,将导致资源过度消耗,并出现严重的生态环境问题。因此,人类生产生活活动属于典型的经济行为,依据经济学理论完善资源环境承载力评价原理,对理清生产要素、生活要素与资源环境要素之间的相互作用机理至关重要。

(1)生产空间是否集约高效是资源环境承载力评价的核心。

人类满足生存发展的商品或服务需求绝大部分并不是从生态空间中直接获得的,而是经生产空间加工生产出来的。生产空间作为"三生空间"耦合协同发展的关键中枢,是人类创造物质财富和精神财富的中心,对解决社会经济发展与生态环境保护之间的矛盾冲突问题发挥核心作用。国家推进供给侧结构性改革的主要目的之一就是促进生产空间集约高效发展。

生产空间结构布局是人类所有生产行为空间组织形式的具体表现,生产空间结构布局是否集约高效,不但能够反映社会经济发展水平的高低,而且决定着生产效率的高低,且影响着区域内、区际间发展的协调与均衡。生产空间集约高效是减少人类生产活动对生态环境破坏性影响的关键所在。根据市场需求理论,当商品的市场需求增加时,会引起商品价格提升,进而会引起企业生产规模不断扩大,市场供给增加。但是,不同经济增长方式下企业生产方式不同,粗放式经济增长条件下生产空间会无序扩张,企业的扩大再生产会加剧资源环境开发利用的低效浪费,进而导致生态空间被过度挤占或压缩,甚至出现严重的生态环境问题;而内涵式经济增长条件下,市场供给结构为跟上市场需求结构变化而必须进行供给侧结构性改革,市场研发积极性增强,随着政府对企业节能减排约束性增强,企业扩大再生产主要依靠科技进步推动,进而推动生产空间向着集约高效方向发展,促进资源环境开发利用效率逐步提升,被过度挤占或压缩的生态空间逐步被修复与保护,自然生态环境逐步得到改善。另外,粗放式经济增长条件下政府实施的资源税、排污税等一系列弹性的限制性约束政策,以期限制企业的高能耗、高污染行为,而达到生态环境保护的目的。根据企业生产理论,只要市场需求充分,边际成本小于边际收益,企业就会不断扩大生产规模,导致弹性的限制性约束政策只是增加了企业生产成本,而不会真正限制企业的高能耗、高污染行为,进而不会改变生产空间过度挤占或压缩生态空间的问题以及资源环境开发利用低效浪费的问题,生产废弃物排放规模仍然会无节制地增加。因此,在粗放式经济增长条件下,弹性的限制性约束政策是低效率的,只有转变经济增长方式才能优化生产空间布局结构,从根本上解决资源低效利用、生态环境严重污染问题。

(2)生活空间是否适度宜居是资源环境承载力评价的落脚点。

社会经济发展的根本目的是增进民生福祉。社会经济发展不仅包含生产空间、生活空间的持续健康发展,还包含生态空间的持续健康发展。促进生产空间集约高效、生态空间山清水秀就是为了实现生活空间适度宜居,生产空间与生态空间发展的目标是为生活空间发展提供更加充实的物资保障与更加美好的空间支撑，最终目的是为了满足日益增长且标准不断提升的人类物质需求与精神需求，以及为保障子孙后代的生存发展提供更加充分的物质基础和更加优美的生活环境。

根据市场供求理论，当市场出现供不应求时，市场出清的消费品规模与结构由市场供给侧决定，即由生产厂商决定；而当市场出现供过于求时，市场出清的消费品规模与结构由市场需求侧决定，即由消费者决定；当市场供需平衡时，市场出清的消费品规模与结构由两者共同决定。自改革开放以来，随着社会经济快速发展，我国已逐步从卖方市场转向买方市场，即消费品市场出清最终由市场需求决定，市场供给结构已满足不了市场需求结构变化，必须通过市场供给侧结构性改革才能更好地满足市场需求，进而实现经济稳步增长。因此，人类生活方式对应的需求能力与需求结构直接决定着市场供给的规模与结构，而市场供给规模结构由企业生产规模结构直接构成，进而决定着企业生产行为对生态空间资源环境开发利用的规模与结构以及生产生活废弃物排放的规模与结构。如果在粗放式经济增长条件下，由于企业技术研发的积极性低下，自然资源需求价格弹性一般远小于资本、科技需求价格弹性，当消费偏好不发生改变时，消费者收入水平增加会相对增加更多的资源密集、高污染类商品消费，进而会加剧资源环境的低效开发利用。而当经济增长方式由粗放式转向内涵式时，由于政府对企业节能减排的约束性趋强以及企业技术研发积极性增加，自然资源的需求价格弹性会逐步大于资本、技术需求价格弹性，资源密集、高污染类商品价格优势逐步丧失；同时消费者收入增加促进消费能力提高，导致其消费偏好发生转变，需求层次逐步提升，消费方式逐步改善，更加倾向于环保类、健康类、安全类产品消费。当消费者收入增加时，由于收入效应和替代效应则会相对消费更多的资本密集、低污染类商品，进而会促进资源环境高效开发利用。因此，政府转变经济增长方式的宏观调控政策不仅会对企业生产行为产生直接影响，而且会通过市场价格机制对居民消费行为产生间接影响，进而同时实现生产行为与生活行为的改善。另外，人类生活产生废气、废水、固体垃圾等生活废弃物的多少，主要是由生活方式、社会文明程度等因素决定的。这也是倡导简约适度、绿色低碳生活方式的直接原因。

（3）生态空间是否山清水秀是资源环境承载力评价识别本底条件的标准。

根据"三生空间"演进规律，生态空间是生产空间、生活空间存在与发展的重要前提，不但为人类生产活动提供必要的生产资料，而且为人类生活活动提供必要的生活资料。同时，生态空间作为人类生产生活废弃物的回收站，直接决定着人与自然的物质代谢更新，不仅为人类扩大再生产提供生态空间保障，而且为人类追求更加美好的生活提供生态空间支撑。

生态空间山清水秀指明了生产空间集约高效、生活空间适度宜居的发展方向。基于前述生产空间与生活空间的经济学理论探析，人类粗放低效的生产方式、奢侈浪费的生活方式是造成资源低效浪费、生态环境严重污染的根源所在。生态空间山清水秀是满足人类生产生活持续物资、能量需求的前提条件，只有促进生态空间的山清水秀才能保持自然生态系统自我修复功能，才能不断更好地满足人类生产生活持续提升的需求标准，才能更好地权衡地区间、城乡间以及当代人与后代人间根本生活需求的保障，实现人类社会经济协调发展、均衡发展与可持续发展。

综上所述，"三生空间"是一个相互依存、相互影响、相互促进的共同体，以生产空间集约高效、生活空间适度宜居、生态空间山清水秀的耦合协同状态为最终发展目标。"三生空间"之间相互依存、相互影响、相互促进作用关系为进一步厘清资源环境承载力系统构成要素与运行机理及其监测预警分析框架提供了更加科学的理论依据，使资源环境承载力监测预警评价的载体与对象更加具体、评价目标更加明确。"三生空间"耦合协同发展状态决定着资源环境承载力的承载状态，生产空间集约高效、生活空间适度宜居、生态空间山清水秀对应着资源环境承载力的最佳承载状态。

第4章 "三生空间"视角下资源环境承载力监测预警研究分析构架

在前述理论辨析基础上，本章从国家战略要求与规范标准出发，重点探讨"三生空间"视角下资源环境承载力监测预警的思路框架设计、监测预警指标体系的甄别与阈值划分、监测预警模型及警情预测模型的构建与检验等内容，为后续实证分析提供科学的理论与方法依据。

4.1 "三生空间"视角下资源环境承载力监测预警的总体要求与思路框架

4.1.1 "三生空间"视角下资源环境承载力监测预警的总体要求

自党的十八大以来，针对社会经济发展过程中暴露出的越来越严峻的资源环境问题和现有资源环境承载力评价在生态环境保护与空间治理中支撑作用的局限性，党中央和国务院多次发文强调规范、加强资源环境承载力监测预警评价研究，充分发挥资源环境承载力评价在国家生态文明建设中的先导性、基础性和重要性作用。归纳总结国家出台的相关文件，对资源环境承载力监测预警大致提出如下总体要求：第一，统筹资源环境承载力监测预警过程的理论认知与方法逻辑。监测预警指标选择应符合承载力内涵与内在逻辑关系，必须坚持"精而全"的原则，在不遗漏重要信息前提下，抓主要矛盾与矛盾主要方面及主要制约要素，同时确保指标可量化、可获取，提高指标的量化比例，易于数据采集，区际间主导功能差异应在指标权重确定过程中得以体现。第二，资源环境承载力监测预警不仅能够判断特定区域是否存在超载问题，而且满足横向可比性与纵向可比性。不同区域间可比，能够判断区域间承载力的大小，为确定区域间开发优先性秩序、拟定区域间开发与保护的模式等提供决策判断依据。不同时期可比，科学预测未来开发强度与承载容量之间的数量关系，并进行动态监测预警，准确研判可能存在的超载警情，为区域的可持续发展提供决策判断依据。

4.1.2 "三生空间"视角下资源环境承载力监测预警的思路框架

在充分借鉴前人研究成果（岳文泽等，2018；张茂鑫等，2020）的基础上，本章提出了"1 个视角、3 个载体、11 个要素、3 个能力、2 个层次、3 个维度、1 个目标"的总体监测预警思路框架，具体如图 4-1 所示。即从"三生空间"视角在摸清 11 个要素基本情况的基础上，根据"支撑力、压力、润滑力"3 个能力，从专项预警和综合预警 2 个层次开展资源环境承载力预警分析；然后从"本底识短板—压力评状态—预警助管理"3 个维度开展资源环境承载力动态监测预警；最后根据资源环境承载力警情预报评价。

4.1.2.1 1 个视角

1 个视角即"三生空间"视角。在"三生空间"视角下，资源环境承载力的载体从抽象化走向具体化，且预警评价标准和评价目标也更加明确。

4.1.2.2 3 个载体

3 个载体即生产空间、生活空间和生态空间。根据"三生空间"视角下资源环境承载力评价原理，生产空间是资源环境承载力监测预警评价的核心，生活空间是资源环境承载力监测预警评价的落脚点，生态空间是资源环境承载力评价的前提条件。

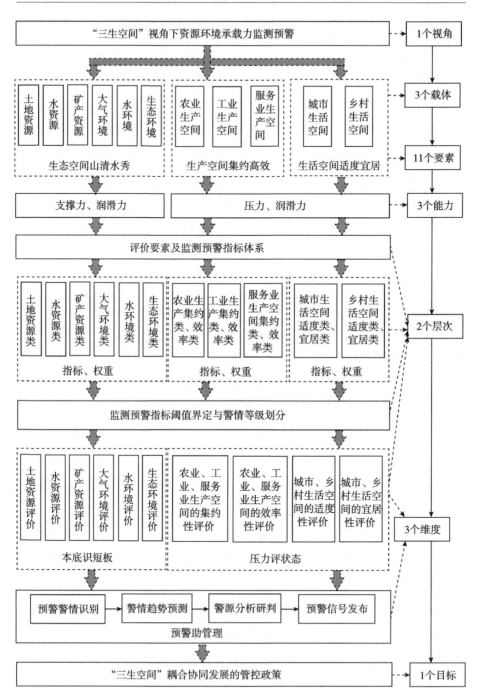

图4-1 "三生空间"视角下资源环境承载力监测预警思路框架

4.1.2.3 11 个要素

从"三生空间"视角对资源要素、环境要素、生产要素和生活要素进行范围界定与甄别筛选是开展"三生空间"视角下资源环境承载力监测预警的前提。在"三生空间"视角下，生态空间承载着为人类生产生活提供生态产品、生态服务以及生态安全等主导功能，生产空间承载着人类的农业生产、工业生产、服务业生产等主导功能，生活空间承载着人类的居住、公共活动等主导功能。遵循不重叠、差异化、系统化、精练化原则，本章共筛选了土地资源、水资源、矿产资源、大气环境、水环境、生态环境、农业生产、工业生产、服务业生产、城市居民生活、乡村居民生活 11 类要素作为"三生空间"视角下资源环境承载力监测预警的核心要素，把土壤环境、地质环境等作为土地资源开发利用的限制性因子纳入土地资源要素综合考虑，不再单独评价。

4.1.2.4 3 个能力

3 个能力即承载支撑力、承载压力、承载润滑力。承载支撑力是指资源环境系统对人类生产生活活动的支撑能力；承载压力是人类生产生活活动对资源环境系统施加的压力；承载润滑力是指人类生态环境保护意识增强、管理治理能力提高对资源环境承载力所产生的提升力。本章在"三生空间"视角下将润滑力融入支撑力，对生态空间综合支撑能力进行评价，将润滑力融入压力对生产空间、生活空间综合施压状况进行评价，以实现对资源环境承载力全面、准确的评价。

4.1.2.5 2 个层次

2 个层次即单要素专项监测预警和全要素综合集成监测预警。本章采用专项监测预警与全要素综合集成监测预警相结合的方法，即从专项监测预警到综合集成监测预警两个层次递进的预警方法。由于资源环境承载力监测预警不仅涉及诸多资源环境要素支撑力与润滑力专项监测预警评价，还涉及农业生产、工业生产、服务业生产以及城市居民生活、乡村居民生活等生产生活要素对资源环境系统施加压力与润滑力专项监测预警评价，且要素之间的作用关系复杂，为使评价结果更加系统、科学，且更加具有实践指导价值，应在专项评价基础上，强调多层次和全要素分析，以集成效应开展资源环境承载力综合评价。

4.1.2.6　3个维度

资源环境承载力监测预警目的就是准确研判人类生产生活活动对资源环境要素或系统施加压力对应的承载状态，据此甄别自然本底条件对应的短板制约因素，发布警情预报并提出强化短板因素开发利用控制管理的对策建议，即构成了本底识短板、状态评压力、预警助管理3个维度的监测预警体系。本底识短板即从生态空间的自然本底条件着眼构建资源环境承载支撑力监测预警指标体系，表征资源供给能力、环境纳污能力、生态产品保供能力及生态环境保护、修复可能带来的润滑力，开展自然本底条件支撑力专项监测预警评价，通过对比系统内、区际间等各类资源环境要素优劣程度识别出水平羸弱的"短板要素"。状态评压力即从三次产业生产、城乡居民生活着眼构建资源环境承载压力监测预警指标体系，表征生产空间、生活空间对资源环境要素或系统施加压力以及资源环境开发利用水平提升可能带来的润滑力，开展生产生活施加压力专项监测预警评价，并结合本底短板要素识别专项监测预警评价，综合考虑区域"三生空间"主导功能定位，采用加权集成效应来综合研判资源环境承载综合状态，反映生态空间供容能力与生产生活空间发展需求的平衡状况。预警助管理即以资源环境承载综合状态评价为基础，对资源环境承载综合状态发展态势进行动态预警，综合现状压力大小与变化趋势进行警情诊断、确定预警等级，为政府部门制定相应管理对策提供帮助。

4.1.2.7　1个目标

通过"三生空间"视角下资源环境承载力监测预警研究，为政府部门加强生态环境保护与修复、优化国土空间开发布局、推进"三生空间"耦合协同发展等提供理论支撑和决策参考。

4.2 "三生空间"视角下资源环境承载力监测预警指标选择与预警模型构建

4.2.1 "三生空间"视角下资源环境承载力监测预警指标选择

在前述评价原理和预警思路的基础上，充分借鉴已有研究成果的经验，本节共构建了具体包含 65 项指标的"三生空间"视角下资源环境承载力监测预警指标体系。其中，正向指标 46 项、负向指标 19 项；生态空间资源环境要素支撑类专项评价指标 12 项（包含润滑力指标 1 项）、生产空间生产活动压力类专项评价指标 29 项（包含润滑力指标 5 项）、生活空间生活活动压力类专项评价指标 24 项（包含润滑力指标 6 项），具体如表 4-1 所示。

表 4-1 "三生空间"视角下资源环境承载力预警指标体系

预警类型		预警要素	预警指标		评价方向
"三生空间"视角下资源环境承载力综合预警（A）	生态空间资源环境要素支撑类专项监测预警（B1）	土地资源支撑力监测预警（C1）	建设用地开发强度（%）	D1	负向
			耕地资源开发广度（%）	D2	负向
		水资源支撑力监测预警（C2）	人均可利用水资源总量（立方米/人）	D3	正向
			水资源开发强度（%）	D4	负向
		矿产资源支撑力监测预警（C3）	矿产资源可利用量指数（%）	D5	正向
			矿产资源开发生态破坏指数（%）	D6	负向
		水和大气环境支撑力监测预警（C4）	重点城市空气主要污染物浓度指数（%）	D7	正向
			江河湖泊IV类污染以上水体比例（%）	D8	负向
		生态环境支撑力监测预警（C5）	生态用地比重（%）	D9	正向
			水土流失面积比重（%）	D10	负向
			自然保护区面积比重（%）	D11	正向
			生态环境保护预算支出占一般财政预算支出比重（%）	D12	正向

预警类型	预警要素	预警指标			评价方向
"三生空间" 视角下资源环境承载力综合预警 （A）	生产空间生产活动压力类专项监测预警 （B2）	生产空间集约性预警 （C6）	农业生产集约性监测预警 （C6-1）	耕地保护率（%）	D13	正向
				单位农地固定资产投入（元/亩）	D14	正向
				单位农地农用机械总动力（千瓦/公顷）	D15	正向
				节水灌溉面积占有效灌溉面积比重（%）	D16	正向
			工业生产集约性监测预警 （C6-2）	工业用地占城市建设用地比重（%）	D17	负向
				单位工业用地规模以上工业企业数（个/平方千米）	D18	正向
				单位工业用地就业人员数（万人/平方千米）	D19	正向
				单位工业用地固定资产投入（亿元/平方千米）	D20	正向
				高新技术企业数占规模以上工业企业数比重（%）	D21	正向
				工业用水重复利用率（%）	D22	正向
			服务业生产集约性监测预警 （C6-3）	服务业用地占城市建设用地比重（%）	D23	负向
				单位服务业用地服务业法人单位数（个/平方千米）	D24	正向
				单位服务业用地固定资产投入（亿元/平方千米）	D25	正向
				单位服务业用地就业人员数（万人/平方千米）	D26	正向
				新兴服务业法人单位数占服务业法人单位数比重（%）	D27	正向
		生产空间高效性预警（C7）	农业生产高效性监测预警 （C7-1）	农业单位耕地产值（元/亩）	D28	正向
				农业单位能耗产值（万元/吨标准煤）	D29	正向
				农业单位水耗产值（元/立方米）	D30	正向
				农业单位产值主要污染物排放量（千克/万元）	D31	负向
				农业全员劳动生产率（万元/人）	D32	正向

预警类型	预警要素	预警指标			评价方向
"三生空间"视角下资源环境承载力综合预警（A）	生产空间生产活动压力类专项监测预警（B2）	生产空间高效性预警（C7）	工业生产高效性监测预警（C7-2）	工业单位用地产值（亿元/平方千米）	D33	正向
				工业单位能耗产值（万元/吨标准煤）	D34	正向
				工业单位水耗产值（元/立方米）	D35	正向
				工业单位产值主要污染物排放量（千克/万元）	D36	负向
				工业全员劳动生产率（元/人）	D37	正向
			服务业生产高效性监测预警（C7-3）	服务业单位用地产值（亿元/平方千米）	D38	正向
				服务业单位能耗产值（万元/吨标准煤）	D39	正向
				服务业单位水耗产值（万元/立方米）	D40	正向
				服务业全员劳动生产率（元/人）	D41	正向
	生活空间生活活动压力类专项监测预警（B3）	生活空间适度性预警（C8）	城市居民生活适度性监测预警（C8-1）	城市居民人均生活用地面积（平方米/人）	D42	负向
				城市居民人均生活能耗（吨标准煤/人·年）	D43	负向
				城市居民人均生活日用水量（升/人·日）	D44	负向
				城市居民人均生活主要污染物排放量（吨/人·年）	D45	负向
			乡村居民生活适度性监测预警（C8-2）	乡村居民人均生活用地面积（平方米/人）	D46	负向
				乡村居民人均生活能耗（吨标准煤/人）	D47	负向
				乡村居民人均生活日用水量（升/日）	D48	负向
		生活空间宜居性预警（C9）	城市居民生活宜居性监测预警（C9-1）	城市居民人均可支配收入（万元）	D49	正向
				每十万人口高等学校平均在校生数（人）	D50	正向
				每万人拥有城市执业（助理）医师数（人）	D51	正向
				城市空气质量优良天数比例（%）	D52	正向
				城市建成区绿化覆盖率（%）	D53	正向
				城市居民自来水普及率（%）	D54	正向
				城市居民燃气普及率（%）	D55	正向
				城市居民生活污水处理率（%）	D56	正向
				城市居民生活垃圾无害化处理率（%）	D57	正向

续表

预警类型	预警要素		预警指标		评价方向
"三生空间"视角下资源环境承载力综合预警（A）	生活空间生活活动压力类专项监测预警（B3）	生活空间宜居性预警（C9）	乡村居民生活宜居性监测预警（C9-2）	乡村居民人均可支配收入（万元/人） D58	正向
				乡村义务教育本科以上专任教师比例（%） D59	正向
				每万人拥有乡村执业（助理）医师数（人） D60	正向
				乡村居民自来水普及率（%） D61	正向
				乡村居民燃气普及率（%） D62	正向
				对生活污水进行处理的乡村占比（%） D63	正向
				对生活垃圾进行处理的乡村占比（%） D64	正向
				乡村无害化卫生厕所普及率（%） D65	正向

4.2.1.1 生态空间资源环境要素支撑类专项监测预警指标的选择

生态空间资源环境支撑类专项监测预警指标主要包含土地资源、水资源、矿产资源、水和大气环境、生态环境等资源环境本底条件要素的预警指标。

（1）土地资源支撑力监测预警指标。

土地资源支撑力主要表征在不损坏生态用地基础上，土地资源持续为人类生产活动、生活活动提供粮食、农副产品保障及发展空间的支撑能力。借鉴樊杰（2007）、宋小青等（2013）的研究成果，本节选取建设用地开发强度、耕地资源开发广度2项指标作为土地资源承载支撑力监测预警指标。建设用地资源开发强度越大、耕地资源开发广度越深，意味着土地资源持续为人类生产生活提供发展空间的支撑能力越弱。建设用地开发强度＝区域建设用地面积/区域土地总面积；耕地资源开发广度＝区域现有耕地资源规模/（区域现有耕地资源规模+区域耕地后备资源规模）。

（2）水资源支撑力监测预警指标。

水资源支撑力主要表征在保证生态用水的基础上，水资源持续满足人类生产活动、生活活动用水的支撑能力。借鉴 Falkenmark 等（1989）、Raskin 等（1997）的研究成果，本节选取人均可利用水资源总量、水资源开发强度 2 项指标作为水资源支撑力监测预警指标。人均可利用水资源总量越大，意味着区域水资源量相对越充沛、水资源支撑力相对越强；水资源开发强度越大，意味着区域水资源持续满足人类生产生活发展需求的支撑能力越弱。人均可利用水资源总量＝（区域可利用地表水资源量＋区域可开采地下水资源量）／区域总人口；水资源开发强度＝区域水资源利用总量／（区域可利用地表水资源量＋区域可开采地下水资源量）。

（3）矿产资源支撑力监测预警指标。

矿产资源承载支撑力主要表征在不被破坏生态环境的条件下，矿产资源开发利用持续满足人类生产活动、生活活动发展需求的支撑能力。借鉴 2016 年国家印发的关于国土空间资源环境承载力评价的技术要求，本节选取矿产资源可利用量指数、矿产资源开发对生态破坏指数 2 项指标作为矿产资源支撑力监测预警指标。矿产资源可利用量指数越大，意味着矿产资源越丰富，支撑能力越强；矿产资源开发对生态破坏指数越大，意味着矿产资源开发对生态破坏越严重，支撑能力越弱。矿产资源可利用量指数＝区域各类主要矿种储量在全国各类主要矿种储量中占比的加权平均指数；矿产资源开发对生态破坏指数＝区域矿产资源开发累计占用损害土地面积占区域国土面积的比重。

（4）水和大气环境支撑力监测预警指标。

水和大气环境支撑力主要表征水和大气环境等本底条件持续消解人类生产生活发展所带来污染物的支撑能力。借鉴刘殿生（1995）、张玉环等（2015）、方创琳等（2017）、韩蕾等（2021）的研究成果，本节选取重点城市空气主要污染物浓度指数和江河湖泊Ⅳ类污染以上水体比例 2 项指标分别作为水和大气环境支撑力监测预警指标。重点城市空气主要污染物浓度指数越大，大气环境污染越小，大气环境支撑力越强；江河湖泊Ⅳ类污染以上水体比例越大，意味着水环境污染越严重，水环境支撑力越弱。重点城市空气主要污染物浓度指数是指对照国家空气质量控制标准，计算区域内重点城市空气中 PM2.5、PM10、SO_2、CO、O_3 等主要污染浓度的得分，然后对得分进行平均加权计算得出；江河湖泊Ⅳ类污染以上水体比例是由区域内江、河流域等水体Ⅳ类污染以上水体比例与区域内湖泊、水库等水体Ⅳ类污染以上水体比例的平均加权计算得出。

（5）生态环境支撑力监测预警指标。

生态环境支撑力主要表征生态本底条件自我修复能力以及持续满足人类生产生活发展对生态产品需求的支撑能力。借鉴邱鹏（2009）、方创琳等（2017）、陈晓雨婧等（2019）的研究成果，本节选取生态用地比重、水土流失面积比重、自然保护区面积比重、生态环境保护预算支出占一般财政预算支出比重4项指标作为生态环境支撑力监测预警指标。生态用地比重越大，意味着区域的生态服务功能越大、持续满足生态产品需求的支撑力越大；水土流失面积比重越大，意味着区域生态服务功能减弱越严重、支撑力越弱；自然保护区面积比重越高和生态环境保护预算支出占一般财政预算支出比重越大，意味着生态环境保护、修复力度越大，对生态环境支撑力提升的润滑力越大，越有利于支撑力的改善与提升。生态用地比重=（区域森林面积+区域草地面积+区域水域面积）/区域土地面积；水土流失面积比重=区域水土流失面积/区域土地面积；自然保护区面积比重=区域自然保护区面积/区域土地面积；生态环境保护预算支出占一般财政预算支出比重=区域生态环境保护预算支出/区域一般财政预算总支出。

4.2.1.2　生产空间生产活动压力类专项监测预警指标的选择

生产空间生产活动压力类专项预警指标主要包含农业生产、工业生产、服务业生产等生产活动对资源环境要素施加压力的评价指标。集约性、高效性构成了对生产活动压力评价的具体标准。生产的集约性和高效性是一对孪生兄弟，具有理论一致性，但现实中却存在明显的差异性。集约性是从生产投入的角度追求生产要素的集约利用、充分利用；高效性则更多的是从生产产出的角度，追求产出价值最大化。从理论来讲，追求生产要素集约利用、充分利用必然可以进一步提升产出，进而进一步提升产出价值，因此两者具有理论一致性。但现实中，特别是粗放式经济发展时期，当生产要素集约利用的成本高于其因集约利用带来的产出价值时，就出现了集约性与高效性不一致的问题。如简单以乱垦滥伐增加农地面积来追求土地产出的农业粗放经营行为,以圈地追求土地升值为主要目的的工业生产行为或者简单以追求土地税费及其他经营税费减免为目的的工业生产行为,都表现出对土地资源开发利用的投入不足,土地资源利用的集约化水平都相对较低。同时,现实中还存在另一种集约性与高效性不一致的现象。如虽然生产要素集约化利用程度很高,但是由于盲目扩大生产,生产的产品达不到人类生产生活的需求标准或者不是人类生产生活所需求的产品,导致产品滞销、产能过剩而出现生产效率低下的问题,进而出现集约性与高效性不一致的问题,即国家供给侧结构性改革需要解决的问题。另外,根据相关学术研究成果,目前生产集约化问题主要体现在人类对土地资源、水资源等开发利用上,其他资源环境要素开发利用集约化问题不突出,即只需要重点关注土地资源、水资源是否达到了最佳的集约化开发利用状态或者是否还有改善的空间。因此,本书关于生产集约化评价也主要集中在土地资源、水资源的开发利用上,其他资源环境要素开发利用集约化问题不作为评价的重点内容。

(1)农业生产集约性监测预警指标。

农业生产集约性主要表征农业对土地资源、水资源等开发利用的集约程度。农业生产集约程度越高,意味着农业生产对土地资源、水资源等资源环境要素集约利用、充分利用的程度越高,同样条件下给土地资源、水资源等资源环境要素施加的压力就相对越小,反之越大,以润滑力改进的空间就越大。借鉴黄南和丰志勇(2011)、罗富民和段豫川(2013)、樊杰和周侃(2021)的研究成果,本节选取耕地保护率、单位农地固定资产投入、单位农地农用机械总动力、节水灌溉面积占有效灌溉面积比重4项指标作为农业生产集约性的监测预警指标。耕地保护率越高,意味着农业生产空间的稳定性越强,不但可以约束城市无序扩张对农业生产空间过度挤占,而且可以约束农业生产对土地资源过度开发,即农业生产空间对生态空间过度挤占,更加注重已开发农地资源的利用,提升农业生产的集约化程度,如提升复种率、套种率等;单位农地固定资产投入越高,意味着以简单追求土地产出为目的的粗放经营程度越低,如为了追求土地产出而乱垦滥伐增加农地面积的粗放经营方式，而以增加投入提升土地利用效率的集约化经营程度越高，土地资源利用的集约化水平也就越高；单位农地农用机械总动力越大，意味着土地资源开发利用的机械化水平越高，进而集约化水平也就越高；节水灌溉面积占有效灌溉面积比重越大，意味着农业生产在水资源利用上的集约化水平越高。耕地保护率＝划入国家耕地保护红线的耕地面积/耕地总面积；单位农地固定资产投入＝农林牧渔业固定资产总投入/农业用地面积；单位农地农用机械总动力＝农用机械总动力/农业用地面积；节水灌溉面积占有效灌溉面积比重＝节水灌溉面积/有效灌溉面积。

（2）工业生产集约性监测预警指标。

参照农业生产集约性监测预警指标选择原理，结合工业生产的具体特点，借鉴陶纪明等（2012）、毛丹妮（2014）、马国庆等（2021）的研究成果，本节选取工业用地占城市建设用地比重、单位工业用地规模以上工业企业数、单位工业用地就业人员数、单位工业用地固定资产投入、高新技术企业数占规模以上工业企业数比重、工业用水重复利用率6项指标作为工业生产集约性监测预警指标。工业用地占城市建设用地比重越高，意味着建设用地结构布局相对越不合理，导致建设用地对生态用地、农用土地挤占相对越多，工业用地的集约化程度相对越低，工业生产活动给资源环境本底条件施加的压力相对越大；单位工业用地规模以上工业企业数越多，意味着工业企业空间集聚效应相对越大，工业用地的集约化程度相对越高；单位工业用地就业人员数越高，意味着以工业发展解决就业问题的能力相对越强，进而工业用地的集约化程度相对越高；单位工业用地固定资产投入越高，意味着以增加投入提升工业用地效率的集约化水平相对越高；高新技术企业数占规模以上工业企业数比重越高，意味着工业产业高级化水平相对越高，进而工业生产的集约化水平相对越高；工业用水重复利用率越高，意味着工业生产在水资源利用上的集约化水平越高。工业用地占城市建设用地比重＝工业用地面积/建设用地面积；单位工业用地规模以上工业企业数＝规模以上工业企业数/工业用地面积；单位工业用地就业人员数＝工业行业就业人员总数/工业用地面积；单位工业用地固定资产投入＝

工业行业固定资产总投入/工业用地面积；高新技术企业数占规模以上工业企业数比重＝高新技术企业数/规模以上工业企业数；工业用水重复利用率＝工业重复利用水量/工业总用水量。

（3）服务业生产集约性监测预警指标。

参照农业、工业生产集约性评价指标选择原理，结合服务业生产的具体特点，并借鉴黄南和丰志勇（2011）、罗富民和段豫川（2013）的研究成果，本书选取服务业用地占城市建设用地比重、单位服务业用地服务业法人单位数、单位服务业用地固定资产投入、单位服务业用地就业人员数、新兴服务业法人单位数占服务业法人单位数比重5项指标作为服务业生产集约性监测预警指标。服务业用地占城市建设用地比重过高，也意味着建设用地结构布局相对不合理，服务业用地的集约化程度相对较低；单位服务业用地法人单位数越多，意味着服务业发展空间集聚效应相对越大，服务业用地的集约化程度相对越高；单位服务业用地固定资产投入越高，意味着以增加投入提升服务业用地效率的集约化水平相对越高；单位服务业用地就业人员数越高，意味着以服务业发展解决就业问题的能力相对越强，进而服务业用地的集约化程度相对越高；新兴服务业法人单位数占服务业法人单位数比重越高，意味着服务业产业高级化水平相对越高，进而服务业生产的集约化水平相对越高。服务业用地占城市建设用地比重＝服务业用地面积/城市建设用地面积；单位服务业用地服务业法人单位数＝服务业法人单位数/服务业用地面积；单位服务业用地固定资产投入＝服务业固定资产总投入/服务业用地面积；单位服务业用地就业人员数＝服务业就业人员总数/服务业用地面积；新兴服务业法人单位数占服务业法人单位数比重＝新兴服务业法人单位数/服务业法人单位总数。

（4）农业生产高效性监测预警指标。

农业生产高效性主要表征农业利用土地资源、水资源、水和大气环境等资源环境要素获得的产出价值。农业生产效率越高，意味着农业生产在同样条件下获取的产出价值就越大，满足人类生产生活需求就相对越多，人类生产生活需求给农业生产所依赖的资源环境要素施加的压力就相对越小，反之就越大，以润滑力改进的空间就越大。借鉴封志明和李鹏（2018）、方创琳等（2017）、张超等（2022）的研究成果，本节选取农业单位耕地产值、农业单位能耗产值、农业单位水耗产值、农业单位产值主要污染物排放量、农业全员劳动生产率5项指标作为农业生产高效性监测预警指标。农业单位耕地产值越大，意味着农业在占用同样土地资源条件下产出价值相对越大，土地资源利用效率相对越高；农业单位能耗产值越高，意味着农业在消耗同样能耗条件下产出价值相对越大，农业对能源的利用效率相对越高；农业单位水耗产值越高，意味着农业在消耗同样水资源的条件下产出价值相对越大，农业对水资源的利用效率相对越高；农业单位产值主要污染物排放量越大，意味着农业在同样产值条件下对环境污染相对越严重；农业全员劳动生产率越高，意味着农业生产技术水平、经营管理水平等都相对越高，改进和提升资源环境支撑力的能力相对越强，即润滑力相对更大。农业单位耕地产值=农业总产值/耕地面积；农业单位能耗产值=农业总产值/农业能耗总量；农业单位水耗产值=农业总产值/农业水资源消耗量；农业单位产值主要污染物排放量=农业主要污染物排放总量/农业总产值；农业全员劳动生产率=农业总产值/农业就业人员数。

（5）工业生产高效性监测预警指标。

参照农业生产高效性评价指标选择原理，结合工业生产的具体特点，并借鉴高大全等（2009）、高魏等（2013）的研究成果，本节选取工业单位用地产值、工业单位能耗产值、工业单位水耗产值、工业单位产值主要污染物排放量、工业全员劳动生产率5项指标作为工业生产高效性监测预警指标。工业单位用地产值越大，意味着工业在占用同样土地资源的条件下产出价值相对越大，工业用地效率相对越高；工业单位能耗产值越高，意味着工业对能源利用效率相对越高；工业单位水耗产值越高，意味着工业对水资源利用效率相对越高；工业单位产值主要污染物排放量越大，意味着工业在同样产值条件下对环境污染相对越严重；工业全员劳动生产率越高，意味着工业生产技术水平、经营管理水平等相对越高，改进和提升资源环境支撑力的能力相对越强，即润滑力相对更大。工业单位用地产值=工业总产值/工业用地面积;工业单位能耗产值=工业总产值/工业能耗总量;工业单位水耗产值=工业总产值/工业水资源消耗量;工业单位产值主要污染物排放量=工业主要污染物排放总量/工业总产值;工业全员劳动生产率=工业总产值/工业就业人员总数。

(6)服务业生产高效性监测预警指标。

参照农业、工业生产高效性评价指标选择原理,结合服务业生产的具体特点,并借鉴高大全等(2009)、高魏等(2013)的研究成果,本节选取服务业单位用地产值、服务业单位能耗产值、服务业单位水耗产值、服务业全员劳动生产率4项指标作为服务业生产高效性监测预警指标。服务业单位用地产值越大,意味着服务业用地效率相对越高;服务业单位能耗产值越高,意味着服务业对能源利用效率相对越高;服务业单位水耗产值越高,意味着服务业对水资源利用效率相对越高;服务业全员劳动生产率越高,意味着服务业技术水平、经营管理水平等相对越高,改进和提升资源环境支撑力的能力相对越强,即润滑力相对更大。服务业单位用地产值=服务业增加值/服务业用地面积;服务业单位能耗产值=服务业增加值/服务业能耗总量;服务业单位水耗产值=服务业增加值/服务业水资源消耗量;服务业全员劳动生产率=服务业增加值/服务业就业人员总数。

4.2.1.3 生活空间生活活动压力类专项监测预警指标的选择

生活空间生活活动压力类专项预警指标主要包含城市居民生活、乡村居民生活等生活活动对资源环境要素施加压力的评价指标。适度性、宜居性构成了生活活动压力评价的具体标准。党的十九大报告倡导简约适度、绿色低碳的生活方式,并要求开展创建节约型机关、绿色家庭、绿色学校、绿色社区和绿色出行等行动,对生活适度性的内涵给出了比较清晰的界定。因此,生活适度性应包括生活空间适度、生活能耗适度、生活用水适度、生活污染适度等多层含义,生活适度性评价可以从这几个方面展开。宜居性是指生活空间适宜人类生活居住的程度,即对人类生活各种需求的保障程度。相对适度性,生活宜居性评价则是个更加复杂的系统评价,本节主要结合国家印发的《美丽中国建设评估指标体系及实施方案》《乡村振兴战略规划（2018-2022 年）》等规划方案，重点评价与资源环境要素关联性强的生活宜居性问题，具体包含收入、教育、医疗、卫生、绿化、公共服务等方面。

（1）城市居民生活适度性监测预警指标。

城市居民生活适度性主要表征城市居民生活对土地资源、水资源、水环境、大气环境等资源环境要素占用或消耗的适度性。适度性越强，则意味着城市居民生活活动给土地资源、水资源等资源环境要素施加的压力越小，反之压力越大。借鉴方创琳等（2017）、刘勇（2020）、马延吉等（2020）的研究成果，本节选取城市居民人均生活用地面积、城市居民人均生活能耗、城市居民人均生活日用水量、城市居民人均生活主要污染物排放量 4 项指标作为城市居民生活适度性监测预警指标。城市居民人均生活用地面积越大，意味着同样条件下城市居民生活占用土地资源越多，给土地资源要素施加压力越大；城市居民人均生活能耗越高，意味着同样条件下城市居民生活消耗能源越多，给能源和环境要素施加压力越大；城市居民人均生活日用水量越多，意味着同样条件下城市居民生活消耗水资源越多，给水资源要素施加压力越大；城市居民人均生活主要污染物排放量越大，意味着同样条件下城市居民生活给环境要素施加压力越大。城市居民人均生活用地面积＝（城市建设用地面积-城市工业用地面积-城市物流仓储用地面积-商业服务业设施用地面积）/城市常住人口数量；城市居民人均生活能耗＝城市居民生活能耗总量/城市常住人口数量；城市居民人均生活日用水量＝城市居民生活用水总量/城市常住人口数量；城市居民人均生活主要污染物排放量＝城市居民生活主要污染物排放总量/城市常住人口数量。

（2）乡村居民生活适度性监测预警指标。

参照城市居民生活适度性评价指标选择原理，结合乡村居民生活的具体特点，并借鉴黄磊等（2014）、方创琳等（2017）的研究成果，本节选取乡村居民人均生活用地面积、乡村居民人均生活能耗、乡村居民人均生活日用水量 3 项指标作为乡村居民生活适度性监测预警指标。乡村居民人均生活用地面积越大，意味着同样条件下乡村居民生活占用土地资源越多，给土地资源施加压力越大；乡村居民人均生活能耗越高，意味着同样条件下乡村居民生活消耗能源越多，给能源与环境要素施加压力越大；乡村居民人均生活日用水量越多，意味着同样条件下乡村居民生活消耗水资源越多，给水资源要素施加压力越大。乡村居民人均生活用地面积=（乡镇建成区面积+村庄用地面积）/乡村常住人口数量；乡村居民人均生活能耗=乡村居民生活能耗总量/乡村常住人口数量；乡村居民人均生活日用水量=乡村居民生活用水总量/乡村常住人口数量。

（3）城市居民生活宜居性监测预警指标。

城市居民生活宜居性主要表征城市居民生活已达到的发展水平及对相关资源环境要素的需求标准。宜居性越高，意味着城市居民生活对相关资源环境要素的需求标准相对越高，要求相关资源环境要素被损害的程度越低，则要求改善相关资源环境要素的润滑力相对越大，进而相关资源环境要素压力相对越小。借鉴方创琳等（2017）、高峰等（2019）、刘勇（2020）的研究成果，本节选取城市居民人均可支配收入、每十万人口高等学校平均在校生数、每万人拥有城市执业（助理）医师数、城市空气质量优良天数比例、城市建成区绿化覆盖率、城市居民自来水普及率、城市居民燃气普及率、城市居民生活污水处理率、城市居民生活垃圾无害化处理率 9 项指标作为城市居民生活适度性监测预警指标。城市居民人均可支配收入是决定其需求层次水平高低的基础，收入水平越高意味着生活水平越高，对相关资源环境要素的需求标准相对越高，进而相关资源环境要素压力相对越小；每十万人口高等学校平均在校生数、每万人拥有城市执业（助理）医师数分别从教育和医疗层面表征城市居民生活发展水平及需求层次水平，每十万人口高等学校平均在校生数和每万人拥有城市执业（助理）医师数越大，意味着城市居民生活发展水平及需求层次水平相对越高，对相关资源环境要素的需求标准相对越高，进而相关资源环境要素压力相对越小；城市建成区绿化覆盖率和城市居民生活垃圾无害化处理率越高，意味着城市生态环境越优，满足城市居民对生态产品需求标准越高，对应生态环境要素压力越小，反之压力越大；城市空气质量优良天数比例和城市居民燃气普及率越高，意味着城市大气环境越优，满足城市居民生活对大气环境需求标准越高，对应大气环境要素压力越小，反之压力越大；城市居民自来水普及率和城市居民生活污水处理率越高，意味着城市饮用水源越安全，满足城市居民生活对水环境需求标准越高，对应水环境要素压力越小，反之压力越大。上述 9 项指标计算方法比较常见，与相关统计年鉴一致，具体可参考相关统计年鉴。

（4）乡村居民生活宜居性监测预警指标。

参照城市居民生活宜居性评价指标选择原理，结合乡村居民生活的具体特点，并借鉴陈锦泉和郑金贵（2016）、方创琳等（2017）的研究成果，本节选取乡村居民人均可支配收入、乡村义务教育本科以上专任教师比例、每万人拥有乡村执业（助理）医师数、乡村居民自来水普及率、乡村居民燃气普及率、对生活污水进行处理的乡村占比、对生活垃圾进行处理的乡村占比、乡村无害化卫生厕所普及率 8 项指标作为乡村居民生活适度性监测预警指标。乡村居民人均可支配收入是决定其需求层次水平高低的基础，收入水平越高意味着生活水平越高，对相关资源环境要素的需求标准相对越高，进而相关资源环境要素压力相对越小；乡村义务教育本科以上专任教师比例、每万人拥有乡村执业（助理）医师数分别从教育和医疗层面表征乡村居民生活发展水平及需求层次水平，两项指标数值越大，意味着乡村居民生活发展水平及需求层次水平相对越高，对相关资源环境要素的需求标准相对越高，进而相关资源环境要素压力相对越小；乡村居民自来水普及率和对生活污水进行处理的乡村占比越高，意味着城市饮用水源越安全，满足城市居民生活对水环境需求标准越高，对应水环境要素压力越小，反之压力越大；乡村居民燃气普及率越高，意味着乡村大气环境越优，满足乡村居民生活对大气环境需求标准越高，对应大气环境要素压力越小，反之压力越大；对生活垃圾进行处理的乡村占比和乡村无害化卫生厕所普及率越高，意味着乡村生态环境越优，满足乡村居民对生态产品需求标准越高，对应生态环境要素压力越小，反之压力越大。上述 8 项指标计算方法比较常见，与相关统计年鉴一致，具体可参考相关统计年鉴。

4.2.2 "三生空间"视角下资源环境承载力监测预警指标可靠性检验

前文构建的监测预警指标体系不但数量多,而且预警指标之间的关系复杂,为确保监测预警指标体系的可靠性,避免或尽量降低因个人主观判断对指标选择的影响,确保以评价指标体系作为测量工具时所得结果的一致性,本节拟采用目前学术界最常用的克朗巴哈-α信度系数对评价指标体系进行检验。克朗巴哈-α信度系数公式如下(王亮和刘慧,2019):

$$\alpha = m/(m-1)(1 - \sum s_i^2/s_t^2)$$

$$\sum s_i^2 = \sum_{i=1}^{m} \sum_{j=1}^{n} (x_{ij} - \bar{x}_i)^2, \quad \bar{x}_i = \sum_{j=1}^{n} x_{ji}/n \qquad (4-1)$$

$$s_t^2 = \sum_{i=1}^{m} (y_i - \bar{y})^2, \quad y_i = \sum_{j=1}^{n} x_{ij}, \quad \bar{y} = \sum_{i=1}^{m} t_i/m$$

其中,α 表示信度系数;m 表示指标变量个数;n 表示每个指标变量的观察值个数;s_i^2 表示各个指标变量的方差;s_t^2 表示指标变量观察值的方差;y_i 表示第 i 个指标变量观察值的和;x_{ij} 表示第 i 个指标变量的第 j 个观察值。

根据克朗巴哈的对照表,当 α≥0.9 时表明监测预警指标体系信度十分可靠,当 0.7≤α<0.9 时表明监测预警指标体系信度可以接受,当 0.5≤α<0.7 时表明监测预警指标体系中有些指标需要修订,当 α<0.5 时表明监测预警指标体系中有些指标需要抛弃。

在指标体系可靠性的具体检验过程中,根据专项监测预警分类,可将监测预警指标体系分为生态空间资源环境要素支撑类专项监测预警组、生产空间生产活动压力类专项监测预警组、生活空间生活活动压力类专项监测预警组进行分组检验,也可以将压力专项监测预警组再进一步细分为生产集约性监测预警组、生产高效性监测预警组、生活适度性监测预警组、生活宜居性监测预警组等,来进一步提升检验的针对性、指导性。

4.2.3 "三生空间"视角下资源环境承载力监测预警指标阈值划分原则

预警指标阈值是预警的重要基础,直接决定着预警结果的科学性、准确性,通常是指预警指标在不同承载状态之间对应的临界值,有时也被称为不同警情状态对应的警限。科学界定预警指标阈值是开展监测预警分析的重要基础,直接决定着监测预警结果的科学性、准确性。本书在国内现有研究成果(杨正先等,2017;陈晓雨婧等,2019)和文献资料收集整理基础上,结合研究区域资源环境和社会经济发展的特点,总结出"三生空间"视角下资源环境承载力监测预警指标阈值划分应遵循如下原则:

4.2.3.1　坚持国家标准优先的原则

从国家战略需求层面来看,在不同发展阶段对土地资源、水资源、矿产资源等各类资源开发利用,对大气环境、水环境等生态环境保护以及对农业发展、工业发展、城市发展等都制定了不同标准的发展规划或约束标准或技术要求。这些国家标准或约束性要求是国家战略规划的统一标准,构成了资源环境承载力监测预警指标阈值划分的重要依据,也是区域资源环境承载力监测预警指标阈值划分优先考虑的重要标准。

4.2.3.2　坚持地方标准为补充的原则

由于资源环境承载力监测预警系统是一个复杂的巨系统,涉及的监测预警指标众多,有的预警指标阈值国家战略规划或技术要求没有明确统一的约束性或预期性标准,地方战略规划却给出了明确的约束性或预期性标准,则可采用地方规划标准作为监测预警指标阈值划分的重要依据,或者根据国家战略规划有关指导意见对地方战略规划给出的约束性或预期性目标进行必要的修正后作为阈值划分依据,即坚持国家指导性意见为主、地方标准为补充的原则。

4.2.3.3　坚持数据技术处理为保障的原则

当监测预警指标阈值划分即没有国家战略规划目标依据,也没有地方战略规划目标依据时,学术界通常采用数据模拟或预测的数据技术处理方法对监测预警指标阈值进行科学划分,如对平稳时间序列,可采用区域近10年、20年或更长时期的指标均值作为指标阈值划分依据;对非平稳时间序列,可采用时间序列模型或灰色系统模型进行未来趋势预测作为阈值划分依据等。由于数据技术处理划分阈值可排除认为主观的影响,因此越来越受学术界的关注。

4.2.3.4 坚持文献参考为佐证的原则

当预警指标阈值划分既找不到国家战略规划目标或技术规范要求，也无地方标准或规范可循，且采用数据技术处理又存在数据收集瓶颈时，可参考比较有学术影响力的研究文献提出的标准或规范作为预警指标阈值划分依据，也可结合研究区域的实际情况，采用文献对比的方法对文献中提出的预警指标阈值进行修正，将已修正后的阈值作为标准。

4.2.4 "三生空间"视角下资源环境承载力监测预警模型构建

本部分开展"三生空间"视角下资源环境承载力监测预警涉及的指标多、层次结构多、预警目标复杂，是一个典型的多目标决策问题。为确保评价结果的系统性、科学性、准确性、实用性，将基于层次分析法（AHP）和改进的熵权赋值法，构建组合赋权综合集成预警评价指数模型进行资源环境承载力监测预警研究。

4.2.4.1 AHP 层次分析法

层次分析法是由美国运筹学家 Thomas 和 Saaty（2004）提出的一种多目标决策方法。该决策方法将决策相关的元素分解成目标层、准则层、方案层等要素，然后采用专家赋权的方式进行定性分析和定量分析的决策方法。由于该方法系统性强、灵活简洁等优点，在管理学、经济学、生态学等多学科领域得到了广泛应用。

运用 AHP 方法建模通常具有如下五个步骤：第一步，建立递阶层次结构模型，一般包含最高层（目标层）、中间层（准则层）、方案层（指标层）三层结构，结构层次数一般没有具体限制，上一层次中各元素所支配的下一层的元素数一般控制在 9 个以内；第二步，构造各层次的所有判断矩阵，通常根据专家打分以数字 1~9 及其倒数作为标度来定义判断矩阵，准则层中各准则在目标层衡量中越重要，赋的标度值越大，其在目标衡量中所占比重也就越大；第三步，进行层次的单排序及其一致性检验，通过计算单排序权重向量及特征值，并进行一致性检验，判断权重向量是否科学、合理；第四步，进行层次总排序及其一致性检验，通过计算总排序权重向量及其特征向量，并进行一致性检验；第五步，根据权重计算决策方案得分，选出最佳决策方案。

4.2.4.2 熵权赋值法

熵的概念最早出现在物理学中，是一个物理学名词，用来描述物质混乱程度。后来被著名信息学家香农引入信息论，产生了熵权法，然后在统计学领域得到快速发展，成为一种被广泛应用的客观赋权方法。该赋权法根据各项评价指标的实际观测值所提供信息量的多少，类计算信息熵进而确定各项评价指标的权重，能够有效兼顾评价指标的变异程度客观反映其重要性，具有精确性、可修正、实用性强等优点。

运用熵权赋值法建模具体可分为四个步骤：第一步，构建评价指标体系对应的评价矩阵；第二步，采用合适的方法对评价矩阵进行标准化处理，消除评价指标的量纲；第三步，根据标准化处理后的评价矩阵，计算评价指标体系的信息熵；第四步，根据信息熵的大小来确定评价指标的权重。

4.2.4.3 "三生空间"视角下资源环境承载力监测预警模型构建

（1）"三生空间"视角下资源环境承载力监测预警层递阶层次结构模型设计。

根据 AHP 方法分析原理，在前述监测预警思路的基础上构建"三生空间"视角下资源环境承载力监测预警评价递阶层次结构模型，具体如图 4-2 所示。

目标层，即 A 层，"三生空间"视角下资源环境承载力监测预警综合评价。准则层，分为 B 层和 C 层，准则层 B 层包括 B_1、B_2、B_3，分别监测预警评价资源环境本底条件支撑力（B_1）、生活活动对本底条件施加压力（B_2）、生产活动对本底条件施加压力（B_3）；准则层 C 是准则层 B 的下一层，包括 C_1、C_2、C_3、C_4、C_5、C_6、C_7、C_8、C_9，分别监测预警评价土地资源支撑力（C_1）、水资源支撑力（C_2）、矿产资源支撑力（C_3）、水和大气环境支撑力（C_4）、生态环境支撑力（C_5）、生产空间集约性（C_6）、生产空间高效性（C_7）、生活空间适度性（C_8）、生活空间宜居性（C_9）；准

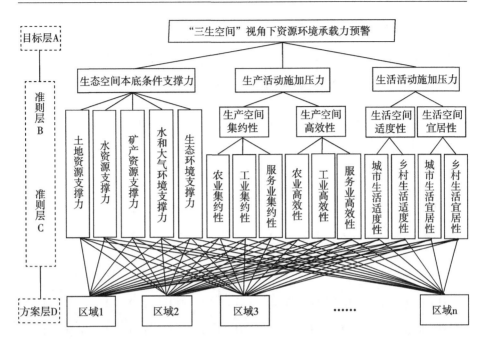

图 4-2 "三生空间"视角下资源环境承载力监测预警递阶层次结构

则层 C 又设下一层，包括 C_{6-1}、C_{6-2}、C_{6-3}、C_{7-1}、C_{7-2}、C_{7-3}、C_{8-1}、C_{8-2}、C_{9-1}、C_{9-2}，分别监测预警评价农业生产集约性（C_{6-1}）、工业生产集约性（C_{6-2}）、服务业生产集约性（C_{6-3}）、农业生产高效性（C_{7-1}）、工业生产高效性（C_{7-2}）、服务业生产高效性（C_{7-3}）、城市居民生活适度性（C_{8-1}）、乡村居民生活适度性（C_{8-2}）、城市居民生活宜居性（C_{9-1}）、乡村居民生活宜居性（C_{9-2}）；方案层 D，即指标层，包含 12 个地区的 65 项评价指标。

（2）"三生空间"视角下资源环境承载力监测预警指标组合权重测算。

第一，基于 AHP 方法计算指标权重。

首先，分层次确定判断矩阵。本部分根据上述递阶层次机构模型，对照表 4-1 监测预警指标体系，特邀请相关领域 3 位专家进行评分，以专家评分平均值得到如下判断矩阵：

C_1	D_1	D_2		C_2	D_3	D_4		C_3	D_5	D_6		D_4	D_7	D_8
D_1	1	1/2		D_3	1	1		D_5	1	2		D_7	1	2
D_2	2	1		D_4	1	1		D_6	1/2	1		D_8	1/2	1

C_5	D_9	D_{10}	D_{11}	D_{12}		C_{6-1}	D_{13}	D_{14}	D_{15}	D_{16}
D_9	1	1	2	2		D_{13}	1	2	2	1/2
D_{10}	1	1	1	2		D_{14}	1/2	1	1	1/2
D_{11}	1/2	1	1	2		D_{15}	1/2	1	1	1/2
D_{12}	1/2	1/2	1/2	1		D_{16}	2	2	2	1

C_{6-3}	D_{23}	D_{24}	D_{25}	D_{26}	D_{27}		C_{6-2}	D_{17}	D_{18}	D_{19}	D_{20}	D_{21}	D_{22}
D_{23}	1	1/6	1/2	1/6	1/4		D_{17}	1	1	1/2	1	1/2	1
D_{24}	6	1	3	1	1		D_{18}	1	1	1/2	1	1/2	1
D_{25}	2	1/3	1	1/3	1/2		D_{19}	2	2	1	2	1	2
D_{26}	6	1	3	1	1		D_{20}	1	1	1/2	1	1	1
D_{27}	4	1	2	1	1		D_{21}	2	2	1	1	1	2
							D_{22}	1	/2	1	1	1/2	1

C_{7-1}	D_{28}	D_{29}	D_{30}	D_{31}	D_{32}		C_{7-2}	D_{33}	D_{34}	D_{35}	D_{36}	D_{37}
D_{28}	1	2	1/2	3	1		D_{33}	1	2	3	1	1
D_{29}	1/2	1	1/2	1	1/2		D_{34}	1/2	1	2	1	1
D_{30}	2	2	1	3	1		D_{35}	1/3	1/2	1	1/2	1/2
D_{31}	1/3	1	1/3	1	1/2		D_{36}	1	1	2	1	1
D_{32}	1	2	1	2	1		D_{37}	1	1	2	1	1

C_{7-3}	D_{38}	D_{39}	D_{40}	D_{41}
D_{38}	1	1	1	1
D_{39}	1	1	1	1
D_{40}	1	1	1	1
D_{41}	1	1	1	1

C_{8-1}	D_{42}	D_{43}	D_{44}	D_{45}
D_{42}	1	1/2	1	1
D_{43}	2	1	2	1
D_{44}	1	1/2	1	1/2
D_{45}	1	1	2	1

C_{8-2}	D_{46}	D_{47}	D_{48}
D_{46}	1	2	2
D_{47}	1/2	1	2
D_{48}	1/2	1/2	1

C_6	C_{6-1}	C_{6-2}	C_{6-3}
C_{6-1}	1	1/2	2
C_{6-2}	2	1	3
C_{6-3}	1/2	1/3	1

C_7	C_{7-1}	C_{7-2}	C_{7-3}
C_{7-1}	1	1/2	1/2
C_{7-2}	2	1	1/2
C_{7-3}	2	2	1

C_8	C_{8-1}	C_{8-2}
C_{8-1}	1	2
C_{8-2}	1/2	1

C_9	C_{9-1}	C_{9-2}
C_{9-1}	1	1
C_{9-2}	1	1

C_{9-1}	D_{49}	D_{50}	D_{51}	D_{52}	D_{53}	D_{54}	D_{55}	D_{56}	D_{57}
D_{49}	1	2	2	2	3	4	3	3	3
D_{50}	1/2	1	1	2	2	3	2	2	2
D_{51}	1/2	1	1	1	2	3	2	2	2
D_{52}	1/2	1/2	1	1	2	3	2	2	2
D_{53}	1/3	1/2	1/2	1/2	1	2	1	1	1
D_{54}	1/4	1/3	1/3	1/3	1/2	1	1/2	1/2	1/2
D_{55}	1/3	1/2	1/2	1/2	1	2	1	2	2
D_{56}	1/3	1/2	1/2	1/2	1	2	1/2	1	2
D_{57}	1/3	1/2	1/2	1/2	1	2	1/2	1/2	1

C_{9-2}	D_{58}	D_{59}	D_{60}	D_{61}	D_{62}	D_{63}	D_{64}	D_{65}
D_{58}	1	2	2	4	3	3	3	3
D_{59}	1/2	1	2	3	3	3	3	3
D_{60}	1/2	1/2	1	3	2	2	2	2
D_{61}	1/4	1/3	1/3	1	1/2	1/2	1/2	1/2
D_{62}	1/3	1/3	1/2	2	1	2	2	1
D_{63}	1/3	1/3	1/2	2	1/2	1	1/2	1/2
D_{64}	1/3	1/3	1/2	2	1/2	2	1	1/2
D_{65}	1/3	1/3	1/2	2	1	2	2	1

B_1	C_1	C_2	C_3	C_4	C_5
C_1	1	1	3	2	1
C_2	1	1	3	2	1
C_3	1/3	1/3	1	1/2	1/2
C_4	1/2	1/2	2	1	1/2
C_5	1	1	2	2	1

B_2	C_6	C_7
C_6	1	1/2
C_7	2	1

B_3	C_8	C_9
C_8	1	1/2
C_9	2	1

A	B_1	B_2	B_3
B_1	1	1/2	1/2
B_2	2	1	1/2
B_3	2	2	1

其次，根据判断矩阵计算最大特征值，进行一致性检验。一致性比例公式如下：

$$CR = CI/RI$$

$$CI = \frac{\lambda_{max} - n}{n-1} \tag{4-2}$$

其中，CI 表示一致性指数；λ_{max} 表示判断矩阵的最大特征值；n 表示判断矩阵的维数；RI 表示平均随机一致性指数（邓雪等，2012），具体数值如表 4-2 所示；CR 表示一致性比例。当 CR<0.1 时，认为判断矩阵的一致性是可以接受的，否则需要对判断矩阵进行修正。

表 4-2　平均随机一致性指数

n	1	2	3	4	5	6	7	8	9	10	11	12	13	14
RI	0	0	0.52	0.89	1.12	1.24	1.36	1.41	1.46	1.49	1.52	1.54	1.56	1.58

最后，依据公式（4-2），即可计算上述判断矩阵 λ_{max} 和 CR 值，λ_{max} 对应的特征向量归一化处理后，即得到 n 维权重向量 w，其中 $\sum w^i = 1$，具体如表 4-3 所示。可见，"三生空间"视角下资源环境承载力预警递阶层次机构模型所涉及的 23 个判断矩阵 CR 均小于 0.1，意味着专家评分得到的判断矩阵的一致性是可以接受的，对应的权重系数可用于预警指标体系开展相关预警评价。

表 4-3 判断矩阵的 CR 及权重系数

矩阵权重	w^1	w^2	w^3	w^4	w^5	w^6	w^7	w^8	w^9	CR
C_{6-1}	0.2781	0.1634	0.1634	0.3952	—	—	—	—	—	0.0227
C_{6-2}	0.1243	0.1243	0.2487	0.1427	0.2254	0.1345	—	—	—	0.0219
C_{6-3}	0.0532	0.2942	0.1064	0.2942	0.2519	—	—	—	—	0.0059
C_{7-1}	0.2306	0.1202	0.3060	0.1027	0.2405	—	—	—	—	0.0190
C_{7-2}	0.2749	0.1903	0.0997	0.2175	0.2175	—	—	—	—	0.0124
C_{7-3}	0.2500	0.2500	0.2500	0.2500	—	—	—	—	—	0.0000
C_{8-1}	0.2046	0.3383	0.1692	0.2879	—	—	—	—	—	0.0227
C_{8-2}	0.4934	0.3108	0.1958	—	—	—	—	—	—	0.0516
C_{9-1}	0.2342	0.1523	0.1382	0.1299	0.0735	0.0427	0.0888	0.0757	0.0646	0.0169
C_{9-2}	0.2618	0.2143	0.1438	0.0482	0.0964	0.0634	0.0756	0.0964	—	0.0279
C_1	0.3333	0.6667	—	—	—	—	—	—	—	0.0000
C_2	0.5000	0.5000	—	—	—	—	—	—	—	0.0000
C_3	0.6667	0.3333	—	—	—	—	—	—	—	0.0000
C_4	0.6667	0.3333	—	—	—	—	—	—	—	0.0000
C_5	0.3397	0.2808	0.2390	0.1404	—	—	—	—	—	0.0227
C_6	0.2970	0.5396	0.1634	—	—	—	—	—	—	0.0088
C_7	0.1958	0.3108	0.4934	—	—	—	—	—	—	0.0516
C_8	0.6667	0.3333	—	—	—	—	—	—	—	0.0000
C_9	0.5000	0.5000	—	—	—	—	—	—	—	0.0000
B_1	0.2623	0.2623	0.0909	0.1402	0.2443	—	—	—	—	0.0088
B_2	0.3333	0.6667	—	—	—	—	—	—	—	0.0000

续表

矩阵权重	w^1	w^2	w^3	w^4	w^5	w^6	w^7	w^8	w^9	CR
B_3	0.3333	0.6667	—	—	—	—	—	—	—	0.0000
A	0.1958	0.3108	0.4934	—	—	—	—	—	—	0.0516

第二，基于熵权赋值法计算指标权重。

首先，构建序参量评价矩阵（李研等，2017）。根据表4-1中的监测预警指标体系，构建序参量矩评价阵 D^j，具体见式（4-3）。其中，D^j 表示第 j 项监测预警指标对应的原始数据矩阵；D^j_{ti} 表示第 j 项监测预警指标在第 t 年第 i 个区域对应的原始数据；l 表示评价年份数；n 表示评价区域数，$j \in$ m，m 表示监测预警指标数。

$$D^j = \begin{bmatrix} D^j_{11} & D^j_{12} & \cdots & D^j_{1n} \\ D^j_{21} & D^j_{22} & \cdots & D^j_{2n} \\ \vdots & \vdots & \ddots & \vdots \\ D^j_{11} & D^j_{12} & \cdots & D^j_{ln} \end{bmatrix}_{l \times n} \quad (4-3)$$

其次，对照表4-4监测预警指标阈值区间，对序参量评价矩阵 D^j 中各项指标按自然分级法进行赋分。其中，ζ^j_1、ζ^j_2、ζ^j_3 和 ζ^j_4 是表4-1中第 j 项监测预警指标对应的阈值。

表4-4 监测预警指标赋分表

承载状态	超载		临界超载		不超载
指标警情	极重警	重警	中警	轻警	无警
阈值区间	$<\zeta^j_1$ 或 $>\zeta^j_1$	$[\zeta^j_1, \zeta^j_2]$ 或 $[\zeta^j_2, \zeta^j_1]$	$[\zeta^j_2, \zeta^j_3]$ 或 $[\zeta^j_3, \zeta^j_2]$	$[\zeta^j_3, \zeta^j_4]$ 或 $[\zeta^j_4, \zeta^j_3]$	$<\zeta^j_4$ 或 $>\zeta^j_4$
指标赋分	0	25	50	75	100

赋分后，第 j 项监测预警指标的序参量评价矩阵 D^j 转换为监测预警得

分矩阵 d^j, 具体见式 (4-4)。其中, d^j_{ti} 表示第 j 项监测预警指标在第 t 年第 i 个区域对应的预警得分。

$$d^j = \begin{bmatrix} d^j_{11} & d^j_{12} & \cdots & d^j_{1n} \\ d^j_{21} & d^j_{22} & \cdots & d^j_{2n} \\ \vdots & \vdots & \ddots & \vdots \\ d^j_{11} & d^j_{12} & \cdots & d^j_{ln} \end{bmatrix}_{l \times n} \qquad (4-4)$$

再次, 根据得分矩阵 d^j, 利用式 (4-5) 计算第 j 项监测预警指标的信息熵 f^j_{ti}, 并通过式 (4-6) 计算第 j 项监测预警评价指标对应的差异系数 H^j。

$$f^j_{ti} = \frac{d^j_{ti}}{\sum\limits_t \sum\limits_i d^j_{ti}} \qquad (4-5)$$

$$H^j = -\frac{1}{\ln(T \times n)} \sum\limits_t \sum\limits_i f^j_{ti} \ln f^j_{ti} \qquad (4-6)$$

最后, 根据式 (4-6) 计算出第 j 项监测预警评价指标的权重系数 v^j。如果对监测预警评价指标按照图 4-1 递阶层次结构模型的层次分类, 可进一步计算出与 AHP 方法对应的每个层次结构的权重系数向量。

$$v^j = \frac{1 - H^j}{\sum\limits_j (1 - H^j)} \qquad (4-7)$$

综上所述, 在分别得到 AHP 方法计算的表 4-2 权重系数与熵权赋值法式 (4-7) 计算的权重系数后, 加权平均即可得到组合权重系数:

$$\lambda^j = \alpha w^j + \beta v^j \qquad (4-8)$$

其中, λ^j 表示加权后的第 j 项监测预警指标的权重系数; α、β 表示加权系数, 通常一般取 $\alpha = \beta = 0.5$。

(3) "三生空间" 视角下资源环境承载力监测预警组合赋权指数模型构建。

根据上述组合赋权法计算的监测预警评价指标权重系数, 即可构建组合赋权法下的监测预警评价指数模型。

第一，资源环境本底条件支撑力专项监测预警评价指数模型构建。根据图4-2递阶层次结构模型和表4-1监测预警评价指标体系，利用式（4-4）可构建出土地资源支撑力、水资源支撑力、矿产资源支撑力、水和大气环境支撑力、生态环境支撑力等专项监测预警评价指数矩阵以及资源环境本底条件综合支撑力专项监测预警评价指数矩阵。

$$
\begin{bmatrix} C_1^T \\ C_2^T \\ C_3^T \\ C_4^T \\ C_5^T \end{bmatrix}^T = \begin{bmatrix} E^1, & E^2, & E^3, & E^4, & E^5 \end{bmatrix} \begin{bmatrix} F^1 & 0 & 0 & 0 & 0 \\ 0 & F^2 & 0 & 0 & 0 \\ 0 & 0 & F^3 & 0 & 0 \\ 0 & 0 & 0 & F^4 & 0 \\ 0 & 0 & 0 & 0 & F^5 \end{bmatrix}
$$

$$
\begin{aligned}
& E^1 = I \otimes [\lambda^1, \lambda^2], \quad E^2 = I \otimes [\lambda^3, \lambda^4] \quad E^3 = I \otimes [\lambda^5, \lambda^6] \\
& E^4 = I \otimes [\lambda^7, \lambda^8], \quad E^5 = I \otimes [\lambda^9, \lambda^{10}, \lambda^{11}, \lambda^{12}] \\
& F^1 = [d^1, d^2]^T, \quad F^2 = [d^3, d^4]^T, \quad F^3 = [d^5, d^6]^T \\
& F^4 = [d^7, d^8]^T, \quad F^5 = [d^9, d^{10}, d^{11}, d^{12}]^T
\end{aligned} \tag{4-9}
$$

其中，C_1、C_2、C_3、C_4 和 C_5 为 $l \times n$ 矩阵，分别为土地资源支撑力、水资源支撑力、矿产资源支撑力、水和大气环境支撑力、生态环境支撑力等专项监测预警评价指数矩阵；l 表示评价时间维度；n 表示评价区域维度；I 为 $n \times n$ 单位矩阵；$\otimes$ 为克罗内克积运算符号；λ^j 表示对应的指标权重，$j \in$ 1，2，3，…，12；d^j 为 $l \times n$ 矩阵，表示对应的监测预警指标得分矩阵，具体同式（4-4）。

$$
B_1 = [I\lambda^{2-1-1}, I\lambda^{2-1-2}, I\lambda^{2-1-3}, I\lambda^{2-1-4}, I\lambda^{2-1-5}] [C_1^T, C_2^T, C_3^T, C_4^T, C_5^T]^T \tag{4-10}
$$

其中，B_1 为 $l \times n$ 矩阵，表示资源环境本底条件支撑力专项集成监测预警评价指数矩阵；土地资源支撑力、水资源支撑力、矿产资源支撑力、水和大气环境支撑力、生态环境支撑力对应的集成系数权重分别为 λ^{2-1-1}、λ^{2-1-2}、λ^{2-1-3}、λ^{2-1-4}、λ^{2-1-5}。

第二，生产生活施加压力专项监测预警评价指数模型构建。根据图4-2

递阶层次结构模型和表4-1监测预警指标体系，利用式（4-5）可构建出农业生产集约性、工业生产集约性、服务业生产集约性、农业生产高效性、工业生产高效性、服务业生产高效性、城市生活适度性、乡村生活适度性、城市生活宜居性、乡村生活宜居性等专项监测预警评价指数以及生产活动集约性、生产活动高效性、生活活动适度性、生活宜居性、生产活动施加压力、生活活动施加压力等专项集成监测预警评价指数。

$$
\begin{bmatrix} C_{6-1}^T \\ C_{6-2}^T \\ C_{6-3}^T \\ C_{7-1}^T \\ C_{7-2}^T \\ C_{7-3}^T \\ C_{8-1}^T \\ C_{8-2}^T \\ C_{9-1}^T \\ C_{9-2}^T \end{bmatrix}^T = \begin{bmatrix} E^{6-1} \\ E^{6-2} \\ E^{6-3} \\ E^{7-1} \\ E^{7-2} \\ E^{7-3} \\ E^{8-1} \\ E^{8-2} \\ E^{9-1} \\ E^{9-2} \end{bmatrix}^T \begin{bmatrix} F^{6-1} & 0 & 0 & 0 & 0 & 0 & 0 & 0 & 0 & 0 \\ 0 & F^{6-2} & 0 & 0 & 0 & 0 & 0 & 0 & 0 & 0 \\ 0 & 0 & F^{6-3} & 0 & 0 & 0 & 0 & 0 & 0 & 0 \\ 0 & 0 & 0 & F^{7-1} & 0 & 0 & 0 & 0 & 0 & 0 \\ 0 & 0 & 0 & 0 & F^{7-2} & 0 & 0 & 0 & 0 & 0 \\ 0 & 0 & 0 & 0 & 0 & F^{7-3} & 0 & 0 & 0 & 0 \\ 0 & 0 & 0 & 0 & 0 & 0 & F^{8-1} & 0 & 0 & 0 \\ 0 & 0 & 0 & 0 & 0 & 0 & 0 & F^{8-2} & 0 & 0 \\ 0 & 0 & 0 & 0 & 0 & 0 & 0 & 0 & F^{9-1} & 0 \\ 0 & 0 & 0 & 0 & 0 & 0 & 0 & 0 & 0 & F^{9-2} \end{bmatrix}
$$

$$(4-11)$$

$$E^{6-1} = I \otimes [\lambda^{13}, \lambda^{14}, \lambda^{15}, \lambda^{16}]^T$$

$$E^{6-2} = I \otimes [\lambda^{17}, \lambda^{18}, \lambda^{19}, \lambda^{20}, \lambda^{21}, \lambda^{22}]^T$$

$$E^{6-3} = I \otimes [\lambda^{23}, \lambda^{24}, \lambda^{25}, \lambda^{26}, \lambda^{27}]^T$$

$$E^{7-1} = I \otimes [\lambda^{28}, \lambda^{29}, \lambda^{30}, \lambda^{31}, \lambda^{32}]^T$$

$$E^{7-2} = I \otimes [\lambda^{33}, \lambda^{34}, \lambda^{35}, \lambda^{36}, \lambda^{37}]^T, \quad E^{7-3} = I \otimes [\lambda^{38}, \lambda^{39}, \lambda^{40}, \lambda^{41}]^T$$

$$E^{8-1} = I \otimes [\lambda^{42}, \lambda^{43}, \lambda^{44}, \lambda^{45}]^T, \quad E^{8-2} = I \otimes [\lambda^{46}, \lambda^{47}, \lambda^{48}]^T$$

$$E^{9-1} = I \otimes [\lambda^{49}, \lambda^{50}, \lambda^{51}, \lambda^{52}, \lambda^{54}, \lambda^{55}, \lambda^{56}, \lambda^{57}]^T$$

$$E^{9-2} = I \otimes [\lambda^{58}, \lambda^{59}, \lambda^{60}, \lambda^{61}, \lambda^{62}, \lambda^{63}, \lambda^{64}, \lambda^{65}]^T$$

$$F^{6-1} = [d^{13}, d^{14}, d^{15}, d^{16}]^T, \quad F^{6-2} = [d^{17}, d^{18}, d^{19}, d^{20}, d^{21}, d^{22}]^T$$

$$F^{6-3} = [d^{23}, d^{24}, d^{25}, d^{26}, d^{27}]^T, \quad F^{7-1} = [d^{28}, d^{29}, d^{30}, d^{31}, d^{32}]^T$$

$F^{7-2} = [d^{33}, d^{34}, d^{35}, d^{36}, d^{37}]^T$, $F^{7-3} = [d^{38}, d^{39}, d^{40}, d^{41}]^T$

$F^{8-1} = [d^{42}, d^{43}, d^{44}, d^{45}]^T$, $F^{8-2} = [d^{46}, d^{47}, d^{48}]^T$

$F^{9-1} = [d^{49}, d^{50}, d^{51}, d^{52}, d^{53}, d^{54}, d^{55}, d^{56}, d^{57}]^T$

$F^{9-2} = [d^{58}, d^{59}, d^{60}, d^{61}, d^{62}, d^{63}, d^{64}, d^{65}]^T$

其中，C_{6-1}、C_{6-2} 和 C_{6-3} 为 l×n 矩阵，分别表示农业生产集约性、工业生产集约性、服务业生产集约性等专项监测预警评价指数矩阵；C_{7-1}、C_{7-2} 和 C_{7-3} 为 l×n 矩阵，分别表示农业生产高效性、工业生产高效性、服务业生产高效性等专项监测预警评价指数矩阵；C_{8-1} 和 C_{8-2} 为 l×n 矩阵，分别表示城市生活适度性、农村生活适度性等专项监测预警评价指数矩阵；C_{9-1} 和 C_{9-2} 为 l×n 矩阵，分别表示城市生活宜居性、农村生活宜居性等专项监测预警评价指数矩阵；λ^j 表示对应的相关指标权重，$j \in 13, 14, \cdots, 65$；d^j 为 l×n 矩阵，表示对应的监测预警指标得分矩阵，具体同式（4-4）。

$$\begin{bmatrix} C_6^T \\ C_7^T \\ C_8^T \\ C_9^T \end{bmatrix}^T = [E^6, E^7, E^8, E^9] \begin{bmatrix} F^6 & 0 & 0 & 0 \\ 0 & F^7 & 0 & 0 \\ 0 & 0 & F^8 & 0 \\ 0 & 0 & 0 & F^9 \end{bmatrix} \quad (4-12)$$

$E^6 = I \otimes [\lambda^{6-1}, \lambda^{6-2}, \lambda^{6-3}]$, $E^7 = I \otimes [\lambda^{7-1}, \lambda^{7-2}, \lambda^{7-3}]$

$E^8 = I \otimes [\lambda^{8-1}, \lambda^{8-2}]$ $E^9 = I \otimes [\lambda^{9-1}, \lambda^{9-2}]$

$F^6 = [C^{6-1}, C^{6-2}, C^{6-3}]^T$, $F^7 = [C^{7-1}, C^{7-2}, C^{7-3}]^T$

$F^8 = [C^{8-1}, C^{8-2}]^T$, $F^9 = [C^{9-1}, C^{9-2}]^T$

其中，C_6、C_7 和 C_8、C_9 为 l×n 矩阵，分别表示生产集约性专项集成监测预警评价指数矩阵、生产高效性专项集成监测预警评价指数矩阵和生活适度性专项集成监测预警评价指数矩阵、生活宜居性专项集成监测预警评价指数矩阵；农业生产集约性、工业生产集约性、服务业生产集约性对应的集成系数权重分别是 λ^{6-1}、λ^{6-2}、λ^{6-3}；农业生产高效性、工业生产高效性、服务业生产高效性对应的集成系数权重分别是 λ^{7-1}、λ^{7-2}、λ^{7-3}；城市生活适度性、乡村生活适度性对应的集成系数权重分别是 λ^{8-1}、λ^{8-2}；城市生活宜居性、乡村生活宜居性对应的集成系数权重分别是 λ^{9-1}、λ^{9-2}。

$$B_2 = [I\lambda^{2-2-1},\ I\lambda^{2-2-2}]\ [C_6^T,\ C_7^T]^T \tag{4-13}$$

其中，B_2 为 l×n 矩阵，表示生产活动施加压力专项集成监测预警评价指数矩阵；生产集约性、生产高效性对应的集成系数权重分别是 λ^{2-2-1}、λ^{2-2-2}。

$$B_3 = [I\lambda^{2-3-1},\ I\lambda^{2-3-2}]\ [C_8^T,\ C_9^T]^T \tag{4-14}$$

其中，B_3 为 l×n 矩阵，表示生活活动施加压力专项集成监测预警评价指数矩阵；生活适度性、生活宜居性对应的集成系数权重分别是 λ^{2-3-1}、λ^{2-3-2}。

第三，"三生空间"视角下资源环境承载力综合集成监测预警评价指数模型构建。在上述专项监测预警评价指数模型构建基础上，通过集成效应可构建出"三生空间"视角下资源环境承载力综合集成监测预警评价指数模型：

$$A = [I\lambda^{1-1},\ I\lambda^{1-2},\ I\lambda^{1-3}]\ [B_1^T,\ B_2^T,\ B_3^T]^T \tag{4-15}$$

其中，A 为 l×n 矩阵，表示"三生空间"视角下资源环境承载力综合集成监测预警评价指数矩阵；λ^{1-1}、λ^{1-2}、λ^{1-3} 对应的是资源环境本底条件支撑力、生产活动施加压力、生活活动施加压力的集成系数权重。

4.3 "三生空间"视角下资源环境承载力警情趋势的预测模型构建与检验

在前文"三生空间"视角下资源环境承载力预警评价及警情研判的基础上，为准确把握警情走势，有必要对其进行预测研判分析。本节将采用灰色 Verhulst 模型对警情走势进行预测，以提高预测的缜密性、科学性、准确性。

4.3.1 "三生空间"视角下资源环境承载力警情趋势预测模型构建

4.3.1.1 灰色 Verhulst 模型简介

灰色 Verhulst 模型是由德国生物学家 Verhulst 于 1837 年在研究生物繁殖规律时提出的一种单序列非线性动态预测模型。灰色 Verhulst 模型认为生物个体数量是呈指数增长的,受周围生态环境制约,增长速度逐渐放慢,最终稳定在一个固定值(王正新等,2009)。该模型主要运用于具有饱和状态的"S"形过程,通常也被称为"逻辑斯蒂增长曲线模型",常用于人口预测、生物生长繁殖预测、产品寿命预测及灾害或危机概率预测等。该模型最大优点在于需要原始数据样本量小,不像其他预测模型需要较大数据量且强调数据完整性、规律性或者需要根据先验经验给出系数等,另外还具有计算简便、快速等优点(沈琴琴等,2020)。

4.3.1.2 灰色 Verhulst 模型建模过程

通常 Verhulst 模型的建模过程一般包含以下几个步骤:

第一步,以时间序列数据建立原始数据序列 $y^{(0)} = \{y^{(0)}(1), y^{(0)}(2), \cdots, y^{(0)}(n)\}$,n 为数据序列的观测值个数。

第二步,对原始数据进行累加处理并确定紧邻均值生成序列,令 $y^{(1)}(k) = \sum_{t=1}^{k} y^{(0)}(t)$,则累加生成的新序列为 $y^{(1)} = \{y^{(1)}(1), y^{(1)}(2), \cdots, y^{(1)}(n)\}$。

第三步,$z^{(1)}(k)$ 为序列 $y^{(1)}(t)$ 的近邻均值生成序列,即 $z^{(1)}(k) = \frac{y^{(1)}(k) + y^{(1)}(k-1)}{2}$,$k = 2, 3, \cdots, n$,则 $z^{(1)} = \{z^{(1)}(2), z^{(1)}(3), \cdots, z^{(1)}(n)\}$。

依据上述原始数据序列的预处理,可建立待估计的 Verhulst 模型:$y^{(1)}(t) + az^{(1)}(t) = b(z^{(1)}(t))^2$。其中,a、b 表示待估计参数。

其对应的微分方程为:$\frac{dy^{(1)}(t)}{dt} + ay^{(1)}(t) = b(y^{(1)}(t))^2$,对其求解可得式(4-16):

$$y^{(1)}(t) = \frac{ay^{(1)}(0)}{by^{(1)}(0) + (a - by^{(1)}(0))e^{at}} \quad\quad (4-16)$$

根据式(3-16),可得出 Verhulst 模型的时间响应序列为:$y^{(1)}(k+1) = \frac{ay^{(1)}(0)}{by^{(1)}(0) + (a - by^{(1)}(0))e^{ak}}$。

进而可得到 Verhulst 预测模型式(4-17):

$$y^{(0)}(k+1) = y^{(1)}(k+1) - y^{(1)}(k) \quad\quad (4-17)$$

其中,a、b 表示待估参数,可由最小二乘法估计得出。

4.3.2 "三生空间"视角下资源环境承载力警情趋势预测功能检验

4.3.2.1 均方误差分解检验法

为加强 Verhulst 模型预测功能的检验,本部分采用均方误差分解对上述模型预测功能进行评价。均方误差(MSE)分解公式如下:

$$MSE = \sum (\hat{y}_t - y_t)^2/n = (\bar{\hat{y}} - \hat{y})^2 + (s_{\hat{y}} - s_y)^2 + 2(1-r)s_{\hat{y}}s_y \quad (4-18)$$

$$\delta = \frac{(\bar{\hat{y}} - \hat{y})^2}{\sum (\hat{y}_t - y_t)^2/n} \quad\quad (4-19)$$

$$\gamma = \frac{(s_{\hat{y}} - s_y)^2}{\sum (\hat{y}_t - y_t)^2/n} \quad\quad (4-20)$$

$$\lambda = \frac{2(1-r)s_{\hat{y}}s_y}{\sum (\hat{y}_t - y_t)^2/n} \quad\quad (4-21)$$

其中,$\hat{y}_t$ 表示预测值;y_t 表示实际值;$\bar{\hat{y}}$ 表示预测值均值;$\hat{y}$ 表示实际值均值;r 表示 $\hat{y}_t$ 与 y_t 的相关系数;$s_{\hat{y}}$ 表示 $\hat{y}_t$ 的标准差;s_y 表示 y_t 的标准差;δ、γ、λ 分别表示偏倚系数、方差系数、协方差系数,且 δ+γ+λ=1。

δ 表示模型预测系统误差,表征的是预测值均值与实际值均值的偏离程度;γ 也表示模型系统误差,但表征的是预测值方差与实际值方差的偏离程度;λ 表征的是模型均方误差中的非系统误差,即模型均方误差中除系统误差之外的非系统误差。在模型预测过程中,如果 δ 和 γ 的值越小、λ 的值越大,则意味着模型的预测结果越好。

4.3.2.2 Theil 不等系数检验法

Theil 不等系数是对预测精度进行度量的另一种重要方法，具体如下：

$$Theil = \frac{\sqrt{\frac{1}{n}\sum_{t=1}^{n}(\hat{y}_t - y_t)^2}}{\sqrt{\frac{1}{n}\sum_{t=1}^{n}(\hat{y}_t)^2} + \sqrt{\frac{1}{n}\sum_{t=1}^{n}(y_t)^2}} \tag{4-22}$$

Theil 不等系数越小意味着模型的预警精度越高，反之则相反。通过 Theil 不等系数，并结合偏倚系数 δ、方差系数 γ、协方差系数 λ，能够比较系统、准确地研判出模型预测精度。

4.4 "三生空间"视角下资源环境承载力监测预警集成效应分解思路与函数

4.4.1 "三生空间"视角下资源环境承载力监测预警集成效应分解思路

依据前文理论分析可知，"三生空间"视角下资源环境承载力由资源环境支撑力、生产生活活动施加压力和科技进步润滑力三个作用力的合力构成。根据集成效应原理，在资源环境支撑力、生产生活活动施加压力、科技进步润滑力当中，任何一个作用力改变都会引发资源环境承载力的改变。而资源环境支撑力又由土地资源支撑力、水资源支持力、矿产资源支撑力、水和大气环境支撑力、生态环境支撑力综合集成，那么这其中任何一个支撑力的改变也会诱发资源环境支撑力承载状态的改变。同样，生产活动施加压力由农业生产集约高效性、工业生产集约高效性、服务业生产集约高效性综合集成，那么这其中任何一个生产集约高效性的改变也会诱发生产活动施加压力状态的改变，进而诱发资源环境承载力承载状态的改变；生活活动施加压力由城市生活适度宜居性和乡村生活适度宜居性综合集成，那么这集中任何一个生活适度宜居性的改变也会诱发生活活动施加压力状态的改变，进而诱发资源环境承载力承载状态的改变。而资源环境承载力监测预警就是通过集成效应对上述承载状态改变的一种监测研判。因此，对"三生空间"视角下资源环境承载力监测预警集成效应进行分解，有利于进一步厘清临界超载或超载状态下的警源所在。另外，由于科技进步、管理水平提升等带来的润滑力最终体现在支撑力和压力的改善上，且从支撑力或压力改善中分解润滑力难度较大，故本部分不对润滑力做进一步分解，而是将润滑力融入支撑力或压力之中进行分析研判。因此，基于上述集成效应分解思路，可分解出每一个时间段，资源环境支撑力或生产活动施加压力或生活活动施加压力改善对承载力提升的贡献率。

4.4.2　"三生空间"视角下资源环境承载力监测预警集成效应分解函数

基于"三生空间"视角下资源环境承载力监测预警集成效应分解思路，可构建如下集成效应分解函数对各要素对资源环境承载力承载状态改善的贡献率进行分解。集成效应函数矩阵式（4-15）可变化成如下恒等式：

$$A_t^j = \lambda^{1-1} B_{1t}^j + \lambda^{1-2} B_{2t}^j + \lambda^{1-3} B_{3t}^j \tag{4-23}$$

其中，A_t^j 表示第 j 个区域在第 t 期的承载力综合集成监测预警评价指数；λ^{1-1}、λ^{1-2}、λ^{1-3} 分别表示资源环境本底条件支撑力、生产活动施加压力、生活活动施加压力的集成系数权重；B_{1t}^j、B_{2t}^j、B_{3t}^j 分别表示第 j 个区域在第 t 期的资源环境本底条件支撑力专项集成评价指数、生产活动施加压力专项集成评价指数、生活活动施加压力专项集成评价指数。

式（4-23）对应的偏微分方程如下：

$$\Delta A_t^j = \lambda^{1-1} \Delta B_{1t}^j + \lambda^{1-2} \Delta B_{2t}^j + \lambda^{1-3} \Delta B_{3t}^j \tag{4-24}$$

方程式（4-24）可等价变换为式（4-25）：

$$\frac{\Delta A_t^j}{A_{t-1}^j} = \lambda^{1-1} \frac{B_{1t-1}^j}{A_{t-1}^j} \frac{\Delta B_{1t}^j}{B_{1t-1}^j} + \lambda^{1-2} \frac{B_{2t-1}^j}{A_{t-1}^j} \frac{\Delta B_{2t}^j}{B_{2t-1}^j} + \lambda^{1-3} \frac{B_{3t-1}^j}{A_{t-1}^j} \frac{\Delta B_{3t}^j}{B_{3t-1}^j} \tag{4-25}$$

通过式（4-25）即可求出某一时间段资源环境本底条件支撑力、生产活动施加压力、生活活动施加压力的改善对资源环境承载力承载状态改善的贡献率，具体如下：

$$\alpha^j = \frac{\left(\lambda^{1-1}\dfrac{B_{1t-1}^j}{A_{t-1}^j}\dfrac{\Delta B_{1t}^j}{B_{1t-1}^j}\right)}{\left(\dfrac{\Delta A_t^j}{A_{t-1}^j}\right)} \times 100\% \qquad (4-26)$$

$$\beta^j = \frac{\left(\lambda^{1-2}\dfrac{B_{2t-1}^j}{A_{t-1}^j}\dfrac{\Delta B_{2t}^j}{B_{2t-1}^j}\right)}{\left(\dfrac{\Delta A_t^j}{A_{t-1}^j}\right)} \times 100\% \qquad (4-27)$$

$$\gamma^j = \frac{\left(\lambda^{1-3}\dfrac{B_{3t-1}^j}{A_{t-1}^j}\dfrac{\Delta B_{3t}^j}{B_{3t-1}^j}\right)}{\left(\dfrac{\Delta A_t^j}{A_{t-1}^j}\right)} \times 100\% \qquad (4-28)$$

其中，α^j、β^j、γ^j 分别表示资源环境本底条件支撑力、生产活动施加压力、生活活动施加压力的改善对资源环境承载力承载状态改善的贡献率；式（4-26）、式（4-27）、式（4-28）分别表示资源环境本底条件支撑力、生产活动施加压力、生活活动施加压力改善对资源环境承载力承载状态改善贡献率的计算函数。

4.5 "三生空间"视角下资源环境承载力监测预警系统耦合协同性内涵与测度函数

4.5.1 "三生空间"视角下资源环境承载力监测预警系统耦合协同性内涵

从系统科学理论的角度来看，"三生空间"视角下资源环境承载力系统是一个由资源要素、环境要素、人类生产要素、人类生活要素等相互作用下形成的动态耦合巨系统，具有整体性和倏忽性等特征，属于典型的耗散结构系统。根据耗散结构理论，耗散结构取决于系统各要素发展方向之间的耦合协同关系，即人类生产生活活动发展方向与资源环境所能支撑的物质、能量潜在开发利用方向之间的耦合协同关系。如果两个发展方向不存在重大偏离，具有明显一致性，则协同效应显著，协同系数大，那么资源环境承载力系统可被视为耗散结构系统，否则就是非耗散结构系统。如果"三生空间"视角下资源环境承载力系统具有良性的耗散结构，则该耦合系统结构具有极强的协同力和合作力，造就了系统自身也具有极强的自调节能力和抗干扰能力，系统功能作用能够得到良好发挥。且系统功能作用的发挥又会进一步巩固和革新系统的耗散结构，进一步降低系统的熵值，进而实现良性互动。如果"三生空间"视角下资源环境承载力系统具有恶性的非耗散结构，则耦合系统存在很大的不稳定性，会遏制耦合系统功能作用的发挥，耦合系统熵值升高，且功能的反作用可能会进一步恶化耦合系统结构，其结果会加速耦合系统结构的消亡。

可见，如果"三生空间"视角下资源环境承载力系统是一个耗散结构系统状态，其构成要素资源环境、人类生产活动、人类生活活动之间的耦合协同关系具有巨大的良化能力。人类可以通过诱发资源环境承载力系统中任何一个构成要素发生扰动，进而诱发其关联因子也发生扰动，进一步会诱发系统要素群体共同扰动而产生叠加的协同效应，促进系统各构成要素之间形成前所未有的有序结构而出现特异功能，会进一步良化系统功能作用以及促进系统功能作用的发挥。如果"三生空间"视角下资源环境承载力系统是一个非耗散结构系统状态，则可能出现相反的结果。但是，耗散结构系统在产生协同效应的同时，通常也会产生消极效应，而出现破坏系统有序结构的反作用力，会约束或恶化系统功能作用发挥。这就要求人类在对资源环境承载力系统某一个或多个构成要素诱发有目的的扰动时，必须严格管控扰动方向，以便有效地发挥要素间的协同效应，尽可能放大协同效应，减小消极效应，促进资源环境承载力系统耦合协同发展。

因此，"三生空间"视角下资源环境承载力耦合系统的协同状态可以简介表征资源环境承载力的承载状态，协同性越强，则对应的承载力越大、承载状态越优,反之则相反。而"三生空间"视角下资源环境承载力监测预警系统作为"三生空间"视角下资源环境承载力耦合系统演进的监测预警机制,两者耦合协同性的机理是一致的,且"三生空间"视角下资源环境承载力监测预警系统的耦合协同性直接表征资源环境承载力承载状态的耦合协调性。因此,"三生空间"视角下资源环境承载力监测预警系统的耦合协同性分析有利于进一步厘清临界超载或超载状态下的警源所在。

4.5.2 "三生空间"视角下资源环境承载力监测预警系统耦合协同性测度函数

基于上述"三生空间"视角下资源环境承载力监测预警系统耦合协同性的科学内涵,借鉴相关学者关于系统耦合协同性测度建模经验(姜磊等,2017),在前述监测预警指数测度模型基础上,可构建如下资源环境承载力监测预警系统的耦合协同性测度函数:

$$TC_t^j = \sqrt[3]{\frac{B_{1t}^j \times B_{2t}^j \times B_{3t}^j}{\left(\frac{B_{1t}^j + B_{2t}^j + B_{3t}^j}{3}\right)^3}} \qquad (4-29)$$

其中,TC_t^j 表示第 j 个区域在第 t 期的资源环境承载力监测预警系统的耦合度,B_{1t}^j、B_{2t}^j、B_{3t}^j 分别表示第 j 个区域在第 t 期的资源环境本底条件支撑力专项集成评价指数、生产活动施加压力专项集成评价指数、生活活动施加压力专项集成评价指数。TC_t^j 取值在 [0,1] 范围内,TC_t^j 越接近于 1 表示系统的耦合度越高。

$$TD_t^j = \sqrt{C_t^j \times A_t^j} \qquad (4-30)$$

其中,TD_t^j 表示第 j 个区域在第 t 期的资源环境承载力监测预警系统协同度;TC_t^j 表示第 j 个区域在第 t 期的资源环境承载力监测预警系统的耦合度;A_t^j 表示第 j 个区域在第 t 期的承载力综合集成监测预警评价指数。TD_t^j 取值也在 [0,1] 范围内,TD_t^j 越接近于 1 表示系统的耦合度越高。

参考相关学者研究成果(张海朋等,2020),结合本书的实际情况,确定"三生空间"视角下资源环境承载力监测预警系统的耦合度和协同度判断标准,具体如表4-5所示。

表4-5 "三生空间"视角下资源环境承载力的耦合度和协同度判断标准

指标名称	数值范围	状态	特征
TC_t^j	(0, 0.3]	低水平耦合	资源环境承载力监测预警系统三要素间关联性较弱,三要素整体处于无序状态
	(0.3, 0.5]	拮据	资源环境承载力监测预警系统三要素间相互关联性增强,出现处于优势融合度的要素影响或阻碍其他处于弱势融合度要素的发展现象,资源环境承载力承载状态开始发生改变
	(0.5, 0.8]	磨合	资源环境承载力监测预警系统三要素间相互关联性逐步磨合,开始出现相互配合、协作,呈现出耦合发展趋势,资源环境承载力承载状态改变速度加快
	(0.8, 1]	高水平耦合	资源环境承载力系统三要素间互动、配合协作不断增强,耦合发展有序性越来越高,当耦合度等于1时系统处于良性共振状态,资源环境承载力承载状态处于阶段性优良状态
TD_t^j	(0, 0.2]	严重失调	资源环境承载力监测预警系统三要素间相互作用关系较弱,至少存在一个要素发展严重滞后,系统整体处于无序状态,且协同性发展水平较低,资源环境承载力承载状态不佳
	(0.2, 0.35]	轻度失调	资源环境承载力监测预警系统三要素间相互作用关系增强,发展滞后的要素发展状态有所改善,系统协同性发展水平有所提升,资源环境承载力承载状态有所改善
	(0.35, 0.5]	基本协同	资源环境承载力监测预警系统三要素间开始协作,系统无序状态开始改善,促进发展滞后的要素开始发展,系统协同性发展水平进一步得到提升,资源环境承载力承载状态进一步改善
	(0.5, 0.8]	中度协同	资源环境承载力监测预警系统三要素间协作增强,系统基本步入有序状态,发展滞后的要素基本赶上整体发展状态,系统趋向协同发展,资源环境承载力承载状态显著改善
	(0.8, 1]	高度协同	资源环境承载力监测预警系统三要素相互协作、相互促进,进入全面耦合协同发展阶段,资源环境承载力承载状态良好,"三生空间"逐步实现和谐共生、共同繁荣

第5章 "三生空间"视角下西部地区资源环境承载力监测预警实证分析

在前述理论辨析与分析框架设计的基础上，本章主要从"三生空间"视角对西部地区资源环境承载力监测预警指标体系的检验与阈值划分、监测预警指数测算与承载状态研判、警源查找与警情走势分析等进行实证分析。

5.1 西部地区界定与数据收集

5.1.1 西部地区的界定

2000年，国务院西部地区开发领导小组对西部地区进行了明确的界定，西部地区具体包括内蒙古、广西、四川、重庆、贵州、云南、西藏、陕西、甘肃、青海、宁夏、新疆12个省份。西部地区主要集中于欧亚大陆桥内陆地区，以额济纳盆地、塔里木盆地、准噶尔盆地、陕甘高原、陇中黄土高原、云贵高原、青藏高原等山地、盆地和高原为主，属温带大陆性气候，特别是西北干旱半干旱区海洋湿润气流难以到达，更是降雨量少、日照时间长、气候干旱。据此，西部地区可划分为"一高一干一季"的三类自然区，其中"一高"是指青藏高原区，"一干"是指西北干旱半干旱区，"一季"是指西南局部季风气候区。从行政区划与具体地理区位来看，西部地区还可以划分为西南云贵高原季风气候区（云南、贵州、广西、四川、重庆）、西部青藏高原气候区（西藏、青海）、西北干旱半干旱气候区（新疆、甘肃、宁夏、陕西、内蒙古）。

西部地区地缘辽阔，12个省份国土面积共681万平方千米，占全国国土总面积的71.34%；耕地面积约为5596.4万公顷，占全国耕地总面积的41.5%；森林面积约为13291.57万公顷，约占全国森林面积的60.29%；草地面积约为27243.52万公顷，占全国草地面积的69.35%；水资源量约为1.56万亿立方米，占全国水资源总量的58.82%；西部地区已探明矿产资源储量有138种，占全国总数的88.46%。西部地区虽然资源丰富，但生态环境羸弱，大部分地区降雨量少、蒸发量大，干旱少雨，水土流失、土地沙漠化、盐碱化比较严重，环境污染问题也比较突出。西部大开发战略实施以来，西部地区社会经济实现了快速发展，截至2019年底，西部地区GDP达204908亿元，占全国GDP总量的20.77%；总人口37956万人，占全国总人口数的27.11%，人口比重明显大于经济比重。同时，西部地区城镇化率、科教文卫发展水平、基础设施建设水平等相对东中部地区平均水平依然比较滞后。

5.1.2 数据收集整理

5.1.2.1 数据的收集

根据第3章构建的监测预警指标体系，具体见表3-1，本章收集了2005~2019年西部地区的相关数据，主要来源于《中国统计年鉴》（2006~2020年）、《中国国土资源统计年鉴》（2006~2018年）、《中国环境统计年鉴》（2006~2017年）、《中国水土保持公报》（2006~2019年）、《中国城市统计年鉴》（2006~2020年）、《中国城乡建设统计年鉴》（2006~2020年）、《中国能源统计年鉴》（2006~2020年）、2009年第二次全国土地调查数据、2015年全国土地利用变更调查数据、2019 年第三次全国土地调查数据以及西部地区 12 个省份统计年鉴 (2006~2020 年)、环境质量公报 (2006~2020 年)、水资源公报 (2006~2020 年) 等统计资料，少部分数据来源于 EPSDATA 数据库。

5.1.2.2 数据的整理

本书涉及的所有价值类数据，按照 2010 年不变价核算。对于同一指标数据，当出现国家统计年鉴数据与地方统计年鉴数据不一致时，以国家统计年鉴数据为准。部分调查类数据只有几个年份的时点数据，没有连续年份数据，其他年份数据利用时点年份数据移动平均得出。各省份耕地后备资源数据主要来源于国土资源部发布的全国耕地后备资源调查结果公报，部分省份缺失数据通过相关研究成果文献资料获得。对于环境污染类数据，由于中国环境统计年鉴只有 2015 年以前的统计数据，且 2016 年以后各省份统计年鉴主要污染物统计口径发生变化，但各省份环境质量公报仍然沿用 2015 年之前统计口径发布的相关数据，本书使用的 2016 年以后的环境污染数据根据各省份环境质量公报发布的相关数据推算得出。西藏少部分乡村生活类可比性数据缺失，本书以同类地区青海相关可比性数据代替。

5.2 "三生空间" 视角下西部地区资源环境承载力监测预警指标检验与确权

5.2.1 监测预警指标可靠性检验

为检验表 4-1 预警指标体系在西部地区引用的可靠性，本书结合实证分析的需要，将预警指标体系分为资源环境支撑力预警指标组、生产集约性预警指标组、生产高效性预警指标组、生活适度性预警指标组、生活宜居性预警指标组 5 个指标组，结合收集整理的相关数据，利用克朗巴哈-α 信度系数，具体见式 (4-1)，对预警指标体系进行可靠性检验，测算结果如表 5-1 所示。

表 5-1 "三生空间"视角下西部地区资源环境承载力监测预警指标检验系数

指标 组名称	资源环境支撑力 预警指标组	生产集约性 预警指标组	生产高效性 预警指标组	生活适度性 预警指标组	生活宜居性 预警指标组
α 系数	0.9804	0.9793	0.9892	0.9981	0.9919

由表 5-1 可知,资源环境支撑力预警指标组、生产集约性预警指标组、生产高效性预警指标组、生活适度性预警指标组、生活宜居性预警指标组 5 个指标组对应的克朗巴哈-α 信度系数分别为 0.9804、0.9793、0.9892、0.9981、0.9919。根据克朗巴哈的对照表,信度系数均大于 0.9,表明预警指标体系的置信度十分可靠,可用于西部地区资源环境承载力监测预警研究。

5.2.2 监测预警指标/指数权重测算

根据第 4 章构建的图 4-1 监测预警递阶层次结构和介绍的 AHP 法与熵权法,对照表 4-1 监测预警指标,可分层次计算出不同赋权法对应的监测预警指标和专项集成预警指数的权重,然后通过加权即可得到相关组合权重,具体如表 5-2 所示。

表 5-2 "三生空间"视角下西部地区资源环境承载力监测预警指标体系及权重

综合 指数	专项 指数	权重/ 指数	权重/ 指数	权重	评价指标		权重
"三生空间"视角下资源环境承载力综合集成预警指数(A)	资源环境支撑力专项集成预警指数(B1)	0.2266	土地资源支撑力预警指数(C1)	0.2581	土地资源开发强度(%)	D1	0.3606
					耕地资源开发广度(%)	D2	0.6394
			水资源支撑力预警指数(C2)	0.2295	人均水资源量(立方米/人)	D3	0.5118
					水资源开采强度(%)	D4	0.4882
			矿产资源支撑力预警指数(C3)	0.1363	矿产资源可利用量指数(%)	D5	0.6779
					矿产资源开发破坏指数(%)	D6	0.3221

续表

综合指数	专项指数	权重/指数	权重/指数	权重	评价指标		权重
"三生空间"视角下资源环境承载力综合集成预警指数（A）	资源环境支撑力专项集成预警指数（B1）	0.2266	水、大气环境支撑力预警指数（C4）	0.1554	城市空气主要污染物浓度指数（%）	D7	0.4463
					Ⅳ类污染以上水体比例（%）	D8	0.5537
			生态环境支撑力预警指数（C5）	0.2208	生态用地面积比重（%）	D9	0.3179
					水土流失面积比重（%）	D10	0.2959
					自然保护区覆盖率（%）	D11	0.2560
					生态环境保护预算支出占一般财政预算支出比重（%）	D12	0.1301
	生产活动施加压力专项集成预警指数（B2）	0.3329	生产空间集约性专项集成预警指数（C6）	0.4273	耕地保护率（%）	D13	0.2577
			农业生产集约性预警指数（C6-1） 0.3238		单位农地固定资产投入（元/亩）	D14	0.2350
					单位农地农用机械总动力（千瓦/公顷）	D15	0.1747
					节水灌溉面积占有效灌溉面积比重（%）	D16	0.3327
			工业生产集约性预警指数（C6-2） 0.4440		工业用地占城市建设用地比重（%）	D17	0.0908
					单位工业用地规模以上工业企业数（个/平方千米）	D18	0.1393
					单位工业用地固定资产投资（亿元/平方千米）	D19	0.2222
					单位工业用地劳动力投入（万人/平方千米）	D20	0.1910
					高新技术企业数占规模以上工业企业数比重（%）	D21	0.2303
					工业用水重复利用率（%）	D22	0.1264
			服务业生产集约性预警指数（C6-3） 0.2322		服务业用地占城市建设用地比重（%）	D23	0.1018
					单位服务业用地服务业法人单位数（个/平方千米）	D24	0.3397
					新兴服务业法人单位数占服务业法人单位数比重（%）	D25	0.1403
					单位服务业用地固定资产投入（亿元/平方千米）	D26	0.2250
					单位服务业用地劳动力投入（万人/平方千米）	D27	0.1932

综合指数	专项指数	权重/指数	权重/指数	权重	评价指标		权重
"三生空间"视角下资源环境承载力综合集成预警指数（A）	生产活动施加压力专项集成预警指数（B2）	0.3329	生产空间高效性专项集成预警指数（C7）	0.5727	农业生产高效性预警指数（C7-1）	0.2099	农业单位用地产值（元/亩）	D28	0.3291
						农业单位能源消耗产值（万元/吨标准煤）	D29	0.1303
						农业单位水资源消耗产值（元/立方米）	D30	0.2450
						农业单位产值主要污染物排放量（千克/万元）	D31	0.1086
						农业全员劳动生产率（万元/人）	D32	0.1870
				工业生产高效性预警指数（C7-2）	0.3540	工业单位用地产值（亿元/平方千米）	D33	0.2441
						工业单位能源消耗产值（万元/吨标准煤）	D34	0.1621
						工业单位水资源消耗产值（元/立方米）	D35	0.1213
						工业单位产值主要污染物排放量（千克/万元）	D36	0.2640
						工业全员劳动生产率（元/人）	D37	0.2084
				服务业生产高效性预警指数（C7-3）	0.4362	服务业单位用地产值（亿元/平方千米）	D38	0.2837
						服务业单位能源消耗产值（万元/吨标准煤）	D39	0.2033
						服务业单位水资源消耗产值（万元/立方米）	D40	0.2385
						服务业全员劳动生产率（元/人）	D41	0.2745

综合指数	专项指数	权重/指数	权重/指数	权重	评价指标		权重
"三生空间"视角下资源环境承载力综合集成预警指数（A）	生活活动施加压力专项集成预警指数（B3）	0.4405	生活空间适度性专项集成预警指数（C8）	0.3279	城市生活适度性指数（C8-1）	0.5752	城市居民人均生活用地面积（平方米/人）	D42	0.2175
						城市居民人均生活能耗（吨标准煤/人·年）	D43	0.3180
						城市居民人均生活日用水量（升/人·日）	D44	0.1682
						城市居民人均生活主要污染物排放量（千克/人）	D45	0.2963
				乡村生活适度性预警指数（C8-2）	0.4248	乡村居民人均生活用地面积（平方米/人）	D46	0.4359
						乡村居民人均生活能耗（吨标准煤/人·年）	D47	0.3385
						乡村居民人均生活日用水量（升/人·日）	D48	0.2256
			生活空间宜居性专项集成预警指数（C9）	0.6721	城市生活宜居性预警指数（C9-1）	0.5005	城市居民人均可支配收入（万元）	D49	0.1726
						每十万人口高等学校平均在校生数（人）	D50	0.1599
						城市每万人拥有执业（助理）医师数（人）	D51	0.1082
						城市空气质量优良天数比例（%）	D52	0.1472
						城市建成区绿化覆盖率（%）	D53	0.0808
						城市居民自来水普及率（%）	D54	0.0552
						城市居民燃气普及率（%）	D55	0.0824
						城市居民生活污水处理率（%）	D56	0.0901
						城市居民生活垃圾无害化处理率（%）	D57	0.1036

综合指数	专项指数	权重/指数	权重/指数	权重	评价指标		权重
"三生空间"视角下资源环境承载力综合集成预警指数（A）	生活活动施加压力专项集成预警指数（B3）	0.4405	生活空间宜居性专项集成预警指数（C9）	0.6721	乡村生活宜居性预警指数（C9-2）	0.4995	乡村居民人均可支配收入（万元/人）	D58	0.1967
							乡村义务教育本科以上专任教师比例（%）	D59	0.1718
							乡村每万人拥有执业（助理）医师数（人）	D60	0.1548
							乡村居民自来水普及率（%）	D61	0.0419
							乡村居民燃气普及率（%）	D62	0.1056
							对生活污水进行处理的乡村占比（%）	D63	0.1178
							对生活垃圾进行处理的乡村占比（%）	D64	0.0873
							乡村无害化卫生厕所普及率（%）	D65	0.1241

5.3 "三生空间"视角下西部地区资源环境承载力监测预警的阈值划分

5.3.1 监测预警指标阈值划分

科学划分预警指标阈值是进行监测预警分析的重要基础，阈值划分是否科学直接决定着预警结果的成败。根据第 3 章提出的阈值划分原则，参考国内外现有相关研究成果（杨春宇，2009；夏辉等，2015；杨正先等，

2017；苏贤保等，2018），充分考虑国家相关约束性或预期性标准，结合西部地区的特点，对表 3-1 中监测预警指标的阈值进行了科学划分，划分结果如表 5-3 所示。

<h3>表5-3 "三生空间"视角下西部地区资源环境
承载力监测预警指标阈值划分及依据</h3>

| 序号 | 指标名称 | 超载 | | 临界超载 | | 不超载 | 划分依据 |
| | | 极重警 | 重警 | 中警 | 轻警 | 无警 | |
		红色	橙色	黄色	蓝色	绿色	
1	土地资源开发强度（%）	D1←9.75	4.50	2.00	0.90	→	国家规划
2	耕地资源开发广度（%）	D2←100	95.79	93.69	91.60	→	数据技术
3	人均水资源量（立方米/人）	D3←500	1000.00	1700.00	3000.00	→	参考文献
4	水资源开采强度（%）	D4←40	30.00	20.00	10.00	→	参考文献
5	矿产资源可利用量指数（%）	D5←20	30.00	45.00	60.00	→	国家技术标准
6	矿产资源开发破坏指数（%）	D6←0.61	0.44	0.27	0.03	→	数据技术
7	城市空气主要污染物浓度指数（%）	D7←12.5	35.50	62.50	87.50	→	国家质量标准
8	Ⅳ类污染以上水体比例（%）	D8←25	20.00	15.00	5.00	→	国家规划
9	生态用地面积比重（%）	D9←44.92	52.31	56.24	66.59	→	数据技术
10	水土流失面积比重（%）	D10←42.99	30.72	25.18	18.72	→	数据技术
11	自然保护区覆盖率（%）	D11←9.79	12.26	14.73	18.02	→	数据技术
12	生态环境保护预算支出占一般财政预算支出比重（%）	D12←2.89	2.99	3.09	3.96	→	数据技术
13	耕地保护率（%）	D13←68.73	75.87	78.11	80.57	→	国家规划
14	单位农地固定资产投入（元/亩）	D14←38	81.00	156.00	294.00	→	数据技术
15	单位农地农用机械总动力（千瓦/公顷）	D15←0.41	0.69	1.51	3.25	→	国家规划
16	节水灌溉面积占有效灌溉面积比重（%）	D16←41.11	47.42	69.40	85.00	→	国家规划
17	工业用地占城市建设用地比重（%）	D17←20.08	18.70	14.51	10.00	→	国家规划

序号	指标名称	超载		临界超载		不超载	划分依据
		极重警	重警	中警	轻警	无警	
		红色	橙色	黄色	蓝色	绿色	
18	单位工业用地规模以上工业企业数（个/平方千米）	D18←12.38	20.65	27.57	34.50	→	数据技术
19	单位工业用地固定资产投资（亿元/平方千米）	D19←9.77	12.90	15.19	17.49	→	数据技术
20	单位工业用地劳动力投入（万人/平方千米）	D20←1.40	1.57	1.73	1.84	→	数据技术
21	高新技术企业数占规模以上工业企业数比重（%）	D21←2.45	4.25	6.06	7.69	→	数据技术
22	工业用水重复利用率（%）	D22←26.32	47.80	69.28	93.28	→	数据技术
23	服务业用地占城市建设用地比重（%）	D23←11.64	11.10	10.56	10.19	→	国家规划
24	单位服务业用地服务业法人单位数（个/平方千米）	D24←1459	1883.00	2475.00	3067.00	→	数据技术
25	新兴服务业法人单位数占服务业法人单位数比重（%）	D25←21.75	25.42	32.25	39.08	→	数据技术
26	单位服务业用地固定资产投入（亿元/平方千米）	D26←17.06	26.39	35.71	40.91	→	数据技术
27	单位服务业用地劳动力投入（万人/平方千米）	D27←2.38	3.19	4.01	4.63	→	数据技术
28	农业单位用地产值（元/亩）	D28←205	2549.00	3038.00	3515.00	→	国家规划
29	农业单位能源消耗产值（万元/吨标准煤）	D29←3.79	7.54	11.29	12.34	→	国家规划
30	农业单位水资源消耗产值（元/立方米）	D30←4.32	10.79	18.90	23.40	→	国家规划
31	农业单位产值主要污染物排放量（千克/万元）	D31←35.83	29.25	13.74	8.82	→	国家规划
32	农业全员劳动生产率（万元/人）	D32←1.07	1.91	2.57	4.26	→	国家规划
33	工业单位用地产值（亿元/平方千米）	D33←11.58	16.57	19.42	22.27	→	国家规划

序号	指标名称	超载		临界超载		不超载	划分依据
		极重警	重警	中警	轻警	无警	
		红色	橙色	黄色	蓝色	绿色	
34	工业单位能源消耗产值（万元/吨标准煤）	D34←0.23	0.50	0.72	1.21	→	国家规划
35	工业单位水资源消耗产值（元/立方米）	D35←89	146.00	200.00	253.00	→	国家规划
36	工业单位产值主要污染物排放量（千克/万元）	D36←39.81	25.38	10.95	1.88	→	国家规划
37	工业全员劳动生产率（元/人）	D37←8.41	12.07	16.57	21.07	→	国家规划
38	服务业单位用地产值（亿元/平方千米）	D38←29.82	41.19	53.98	83.03	→	国家规划
39	服务业单位能源消耗产值（万元/吨标准煤）	D39←1.56	2.67	3.77	5.79	→	国家规划
40	服务业单位水资源消耗产值（万元/立方米）	D40←250	358.00	508.00	728.00	→	国家规划
41	服务业全员劳动生产率（元/人）	D41←7.43	9.00	11.70	14.40	→	国家规划
42	城市居民人均生活用地面积（平方米/人）	D42←116	99.82	87.63	83.57	→	国家规划
43	城市居民人均生活能耗（吨标准煤/人·年）	D43←0.38	0.34	0.30	0.26	→	国家规划
44	城市居民人均生活日用水量（升/人·日）	D44←170	161.00	132.00	115.00	→	数据技术
45	城市居民人均生活主要污染物排放量（千克/人）	D45←52.37	36.62	23.69	20.17	→	国家规划
46	乡村居民人均生活用地面积（平方米/人）	D46←202	190.00	165.00	149.00	→	国家规划
47	乡村居民人均生活能耗（吨标准煤/人·年）	D47←0.52	0.42	0.31	0.29	→	国家规划
48	乡村居民人均生活日用水量（升/人·日）	D48←88.75	82.66	76.06	64.62	→	数据技术

序号	指标名称	超载		临界超载		不超载	划分依据
		极重警	重警	中警	轻警	无警	
		红色	橙色	黄色	蓝色	绿色	
49	城市居民人均可支配收入（万元）	D49←2.00	2.16	3.04	3.93	→	国家规划
50	每十万人口高等学校平均在校生数（人）	D50←2032	2268.00	2505.00	3054.00	→	国家规划
51	城市每万人拥有执业（助理）医师数（人）	D51←17	20.00	26.00	32.00	→	国家规划
52	城市空气质量优良天数比例（%）	D52←69.67	75.48	81.49	87.50	→	国家规划
53	城市建成区绿化覆盖率（%）	D53←34.82	36.20	38.83	40.86	→	国家规划
54	城市居民自来水普及率（%）	D54←89.51	92.13	94.58	98.12	→	数据技术
55	城市居民燃气普及率（%）	D55←63.33	77.31	91.34	93.16	→	数据技术
56	城市居民生活污水处理率（%）	D56←72.48	81.53	92.60	96.75	→	数据技术
57	城市居民生活垃圾无害化处理率（%）	D57←79.92	88.32	96.71	98.79	→	数据技术
58	乡村居民人均可支配收入（万元/人）	D58←0.70	0.90	1.16	1.42	→	国家规划
59	乡村义务教育本科以上专任教师比例（%）	D59←47.16	58.48	69.81	81.67	→	国家规划
60	乡村每万人拥有执业（助理）医师数（人）	D60←15	18.00	21.00	22.00	→	国家规划
61	乡村居民自来水普及率（%）	D61←59.32	65.87	74.37	82.86	→	数据技术
62	乡村居民燃气普及率（%）	D62←4.66	13.31	25.79	41.10	→	数据技术
63	对生活污水进行处理的乡村占比（%）	D63←9.45	15.31	27.40	38.64	→	数据技术
64	对生活垃圾进行处理的乡村占比（%）	D64←34.23	55.39	76.55	82.52	→	数据技术
65	乡村无害化卫生厕所普及率（%）	D65←40.58	53.30	62.98	72.65	→	国家规划

在本章构建的 65 项监测预警指标中，36 项指标的阈值根据国家相关规划目标或技术标准、质量标准划定，即采用规划目标或技术标准、质量标准直接划定指标阈值，或者在规划目标或技术标准、质量标准的基础上，结合等价转化、相关系数等数据技术处理方法，间接划定相关指标阈值；27 项指标的阈值根据国家发布的预警技术方案划定，即借鉴原国土资源部 2016 年公布的《国土资源环境承载力评价技术要求》提出的"对于正向相关指标，指标理想值原则上越大越佳，当采用下辖各行政单元相关指标现状值作为依据时，允许在不小于 1/4 分位数（所有下辖行政单元指标现状值从大到小）中选择"的预警指标阈值划定数据技术处理方法，以全国平均水平和西部地区各省市区平均水平的横向比较来划定预警指标的阈值；2 项指标的阈值借鉴国内外有影响力的学术研究成果划定。具体如下：

土地资源开发强度的阈值划分。根据《全国国土规划纲要（2016-2030年）》和国家"十四五"规划和 2035 年远景目标纲要，我国土地开发强度 2020 年不超过 4.24%、2030 年不超过 4.62%，到 2025 年，新增建设用地规模控制在 2950 万亩以内，即经测算 2025 年土地开发强度不超过 4.44%。以预警期内西部地区各省份土地资源平均开发强度从小到大排序 1/4 分位数作为超载轻警阈值；以 2019 年为基期，以西部地区土地资源平均开发强度按国家 2025 年规划目标的增幅增长对应的值作为超载中警阈值；以 2019 年为基期，以全国土地资源开发强度 2025 年规划目标为超载重警阈值，以预警期内东中部地区土地资源开发强度均值作为超载极重警阈值。

耕地资源开发广度的阈值划分。根据《全国国土规划纲要（2016-2030年）》，2030 年我国耕地保有量保持在 18.25 亿亩以上。以预警期内西部地区各省份耕地资源平均开发强度由小到大 1/4 分位数作为轻警超载阈值；以耕地保有量规划目标测算全国耕地资源开发广度作为超载重警阈值，如果达到全国平均水平，出现挤占生态空间超载警情，以轻警超载阈值和重警超载阈值的均值作为中警超载阈值；以 2016 年国土资源部发布的全国耕地后备资源调查数据为基准，以 100% 作为超载极重警阈值，超过 100% 意味过度挤占生态空间。

人均水资源量的阈值划分。根据 1992 年瑞典著名学者 Falkenmark 等提出的水资源压力指数作为阈值划分依据。即当人均水资源量大于 3000 立方米/人·年时表示水资源充沛，即以 3000 立方米/人·年作为临界超载轻警阈值；当人均水资源量小于 1700 立方米/人·年时表示出现水资源压力，即以 1700 立方米/人·年作为临界超载中警阈值；当人均水资源量小于 1000 立方米/人·年时表示出现慢性水资源短缺，即以 1000 立方米/人·年作为超载重警阈值；当人均水资源量小于 500 立方米/人·年时表示出现极度水资源短缺，即以 500 立方米/人·年作为超载极重警阈值。

水资源开发强度的阈值划分。根据联合国粮食及农业组织、联合国可持续发展委员会等国际机构统一采用的，1997 年 Raskin 等提出的水稀缺指数或水脆弱指数作为阈值划分依据。即当水资源开发利用程度超过 40%时表示出现高水资源压力，作为超载极重警阈值；当水资源开发利用程度超过 30%时表示出现中高水资源压力，作为超载重警阈值；当水资源开发利用程度超过 20%时表示出现中等水资源压力，作为临界超载中警阈值；当水资源开发利用程度超过 10%时表示出现中低水资源压力，作为临界超载轻警阈值；当水资源开发利用程度低于 10%时表示低水资源压力，作为临界超载轻警阈值。

矿产资源可利用量指数的阈值划分。根据国土资源部 2016 年公布的《国土资源环境承载力评价技术要求（试行）》，矿业开发指数小于 20 为重度超载，小于 45 大于 20 为中度超载，小于 60 大于 45 为轻度超载。以 20 作为矿产资源可利用量指数超载极重警阈值、以 30 作为矿产资源可利用量指数超载重警阈值、以 45 作为矿产资源可利用量指数临界超载中警阈值、以 60 作为矿产资源可利用量指数临界超载轻警阈值。

矿产资源开发破坏指数的阈值划分。依据国家"十四五"规划和 2035 年远景目标，提高矿产资源开发保护水平，发展绿色矿业，建设绿色矿山。以预警期内西部地区各省份矿产资源开发占用及损坏土地面积比例均值从小到大排序 1/4 分位数作为超载轻警阈值；以预警期内，全国矿产资源开发占用及损坏土地面积比例均值作为超载中警阈值；以预警期内东中部地区矿业开发占用及损坏土地面积比例均值作为超载极重警阈值，以前两者均值作为超载重警阈值。

城市空气主要污染物浓度指数的阈值划分。根据《环境空气质量标准》（GB 3095—2012）规定和国家"十四五"规划和2035年远景目标纲要，依据国家空气污染物基本项目浓度二级标准限值和地级及以上城市PM2.5浓度下降10%，有效遏制O_3浓度增长趋势，氮氧化物和挥发性有机物排放总量分别下降10%以上等规划目标来确定阈值。以2019年为基期，以预警期内西部地区各省份主要污染物浓度均值从大到小排序1/4分位数作为极重超载阈值，对于西部地区各省份主要污染物浓度均值从大到小排序1/4分位数小于二级标准限值，以二级标准限值作为极重超载阈值，以预警期内西部地区各省份主要污染物浓度均值1/2分位数作为超载重警阈值，反之则相反。

江河湖泊Ⅳ类污染以上水体比例的阈值划分。根据《全国国土规划纲要（2016-2030年）》和国家"十四五"规划和2035年远景目标纲要，我国重要江河湖泊水功能区水质达标率2020年超过80%、2025年超过85%、2030年超过95%。以全国重要江河湖泊水功能区水质达标率2030年规划目标计算的江河湖泊污染率作为超载轻警阈值，以全国2025年规划目标计算的江河湖泊污染率作为超载中警阈值，以全国2020年规划目标计算的江河湖泊污染率作为超载重警阈值，以预警期内全国重要江河湖泊水功能区污染率作为超载极重警阈值。

生态用地面积比重的阈值划分。依据国家"十四五"规划和2035年远景目标，我国森林覆盖率从2019年的23.2%提升到2025年的24.1%，提升0.9个百分点。根据《全国国土规划纲要（2016-2030年）》规划目标，我国湿地面积2030年将达到8.3亿亩，湿地覆盖率将达到5.9%，比2020年提升0.34个百分点，按平均增速，到2025年提升约0.17个百分点。以预警期内西部地区各省份生态用地面积比重均值从大到小排序1/4分位数作为超载轻警阈值；以2019年为基期，以西部地区生态用地面积比重提升1.07个百分点作为超载中警阈值，以预警期内全国生态用地面积比重的均值作为超载重警阈值，以预警期内东中部地区生态用地面积比重的均值作为超载极重警阈值。

水土流失面积比重的阈值划分。根据《全国国土规划纲要（2016-2030年）》，我国到2030年新增治理水土流失面积94万平方千米。以预警期内西部地区各省份水土流失面积比重均值从大到小排序1/4分位数作为超载极重警阈值，以预警期内全国水土流失面积比重作为超载重警阈值；以2018年第四次全国水土流失调查数据为基准，以全国水土流失治理2030年规划目标对应水土流失面积比重为超载轻警阈值，以全国2020年规划目标对应的水土流失面积比重作为超载中警阈值，以预警期内全国水土流失面积比重的均值作为超载重警阈值。

自然保护区覆盖率的阈值划分。依据国家"十四五"规划和2035年远景目标，科学划定自然保护地保护范围及功能分区，加快整合归并优化各类保护地，构建以国家公园为主体、自然保护区为基础、各类自然公园为补充的自然保护地体系。以预警期内西部各省区自然保护区覆盖率均值从大到小排序1/4分位数作为超载轻警阈值，以预警期内全国自然保护区覆盖率均值作为超载中警阈值，以东中部地区自然保护区覆盖率均值作为超载极重警阈值，以前两者均值作为超载重警阈值。

生态环境保护预算支出占一般财政预算支出比重的阈值划分。根据国家"十四五"规划和2035年远景目标纲要，坚持山水林田湖草沙系统治理，着力提高生态系统自我修复能力和稳定性，守住自然生态安全边界，促进自然生态系统质量整体改善。以预警期内西部各省份生态环境保护预算支出占一般财政预算支出比重均值从大到小1/4分位数作为超载轻警阈值，以预警期内西部地区生态环境保护预算支出占一般财政预算支出比重均值作为临界超载中警阈值，以预警期内东中部地区生态环境保护预算支出占一般财政预算支出比重均值作为超载极重警阈值，以前两者均值作为超载重警阈值。

耕地保护率的阈值划分。根据《全国国土规划纲要（2016-2030年）》，全国2030年耕地保有量18.25亿亩，比2020年耕地保有量18.65

亿亩减少2.14%。依据规划目标，可测算出2030年永久性基本农田面积占耕地面积比重增长2.19%，即耕地保护率提升2.19个百分点。以预警期内西部各省份耕地保护率均值从小到大1/4分位数作为超载极重警阈值；以2019年为基期，以西部地区耕地保护率增长2.19%作为超载重警阈值；以预警期内全国耕地保护率均值作为超载中警阈值，以预警期内东中部地区耕地保护率均值为超载轻警阈值。

单位农用土地固定资产投入的阈值划分。根据国家"十四五"规划和2035年远景目标纲要，优化投资结构，提高投资效率，保持投资合理增长。以预警期内西部地区各省份单位农用土地固定资产投入均值从小到大1/4分位数作为超载极重警阈值，以预警期内西部地区单位耕地固定资产投入均值作为超载重警阈值，以预警期内全国单位耕地固定资产投入均值作为超载中警阈值，以预警期内东中部地区各省份单位农地固定资产投入均值作为超载轻警阈值。

单位农用土地农用机械总动力的阈值划分。依据国家"十四五"规划和2035年远景目标，"十四五"时期我国农作物耕种收综合机械化率提升到75%，比2020年71%提升4个百分点。假设单位农地农用机械总动力保持同比例提升。依据规划目标，可测算出2025年单位农地农用机械总动力增长4%。以预警期内西部各省份单位农用土地农用机械总动力均值从小到大1/4分位数作为超载极重警阈值；以2019年为基期，以西部地区单位农地农用机械总动力均值增长4%作为超载重警阈值；以预警期内全国单位农地农用机械总动力均值作为超载中警阈值，以预警期内东部地区单位农地农用机械总动力均值作为超载轻警阈值。

节水灌溉面积占有效灌溉面积比重的阈值划分。根据《全国国土规划纲要（2016-2030年）》，2030年全国节水灌溉面积占农田灌溉面积的85%以上，农田灌溉用水有效利用系数提高到0.6以上。以全国节水灌溉面积占有效灌溉面积比重的规划目标85%作为超载轻警阈值，以预警期内西部各省份节水灌溉面积占有效灌溉面积比重均值从小到大排序1/4分位数作为超载中警阈值，以预警期内全国节水灌溉面积占有效灌溉面积比重的均值为超载重警阈值,以预警期内东中部地区节水灌溉面积占有效灌溉面积比重的均值为超载极重警阈值。

工业用地占城市建设用地的阈值划分。根据《全国国土规划纲要(2016-2030年)》,我国2020年、2030年城镇空间达10.21万平方千米、11.67万平方千米,城镇空间增长14.3%,"十四五"时期增长幅度按一半计算,即增长7.15%,假设工业生产空间与城镇空间同比增长,工业用地增长7.15%。以预警期内西部各省份工业用地占城市建设用地平均比重从小到大排序1/4分位数作为超载轻警阈值,以预警期内西部地区工业用地占城市建设用地比重的均值作为超载中警阈值,以预警期内全国工业用地占城市建设用地比重的均值作为超载重警阈值,以预警期内东中部地区工业用地占城市建设用地比重的均值作为超载极重警阈值。

单位工业用地规模以上工业企业数的阈值划分。根据《全国国土规划纲要(2016-2030年)》,要依法处置闲置土地,鼓励盘活低效用地,推进工业用地改造升级和集约利用。以预警期内西部各省份单位工业用地规模以上工业企业数均值从小到大排序1/4分位数作为超载极重警阈值,以预警期内西部地区单位工业用地规模以上工业企业数的均值作为超载重警阈值,以预警期内东中部地区单位工业用地规模以上工业企业数的均值作为超载轻警阈值,以前两者均值作为临界超载中警阈值。

单位工业用地固定资产投入的阈值划分。根据《全国国土规划纲要(2016-2030年)》,要依法处置闲置土地,鼓励盘活低效用地,推进工业用地改造升级和集约利用。以预警期内西部地区各省份单位工业用地固定资产投入均值从大到小排序1/4分位数作为超载轻警阈值,以预警期内全国单位工业用地固定资产投入均值作为超载重警阈值,以前两者均值作为超载中警阈值,以预警期内西部地区各省份单位工业用地固定资产投入均值从小到大排序1/4分位数作为超载极重警阈值。

单位工业用地劳动力投入的阈值划分。依据国家"十四五"规划和2035年远景目标,健全有利于更充分更高质量就业的促进机制,扩大就业容量,提升就业质量,缓解结构性就业矛盾。以预警期内西部地区各省份单位工业用地劳动力投入均值从小到大排序 1/4 分位数作为超载极重警阈值，以预警期内西部地区各省份单位工业用地劳动力投入均值作为超载中警阈值，以前两者均值作为超载重警阈值，以预警期内东中部地区单位工业用地劳动力投入的均值作为超载轻警阈值。

高新技术企业数占规模以上工业企业数比重的阈值划分。依据国家"十四五"规划和 2035 年远景目标，坚持自主可控、安全高效，推进产业基础高级化、产业链现代化，保持制造业比重基本稳定，增强制造业竞争优势，推动制造业高质量发展。以预警期内西部地区各省份高新技术企业数占规模以上工业企业数比重均值从小到大排序 1/4 分位数作为超载极重警阈值，以预警期内西部地区高新技术企业数占规模以上工业企业数比重的均值作为临界超载中警阈值，以前两者均值作为超载重警阈值，以预警期内东中部地区高新技术企业数占规模以上工业企业数比重的均值作为超载轻警阈值。

工业废水重复利用率的阈值划分。依据国家"十四五"规划和 2035 年远景目标，实施国家节水行动，建立水资源刚性约束制度，鼓励再生水利用。以预警期内西部地区各省份工业废水重复利用率均值从小到大排序 1/4 分位数作为超载极重警阈值，以预警期内西部地区城市工业废水重复利用率均值作为超载中警阈值，以前两者均值作为超载重警阈值，以预警期内东中部地区城市工业废水重复利用率均值作为超载轻警阈值。

服务业用地占城市建设用地比重的阈值划分。根据《全国国土规划纲要（2016-2030 年）》，我国 2020 年、2030 年城镇空间达到 10.21 万平方千米、11.67 万平方千米，城镇空间增长 14.3%，"十四五"时期增长幅度按一半计算，即增长 7.15%，假设服务业生产空间与城镇空间同比增长，服务业用地增长 7.15%。以预警期内西部地区各省份服务业用地占城市建设用地比重均值从大到小排序 1/4 分位数作为超载极重警阈值，以预警期内西部地区服务业用地占城市建设用地比重的均值作为超载中警阈值，以前两者均值作为临界超载重警阈值，以预警期内东中部地区服务业用地占城市建设用地比重的均值作为超载轻警阈值。

单位服务业用地服务业法人单位数的阈值划分。根据《全国国土规划纲要（2016-2030 年）》，全面提升土地节约集约利用水平，严控新增建设用地，有效管控新城新区和开发区无序扩张，有序推进城镇低效用地再开发和低丘缓坡地开发利用，推进建设用地多功能开发、地上地下立体综合开发利用，促进空置楼宇、厂房等存量资源再利用。以 2019 年为基期，以 2025 年全国单位服务业用地服务业法人单位数的预期值作为超载轻警阈值；以预警期内西部地区各省份单位服务业用地服务业法人单位数均值从大到小排序 1/4 分位数作为超载重警阈值，以前两者均值作为临界超载中警阈值，以预警期内东中部地区单位服务业用地服务业法人单位数均值作为超载极重警阈值。

新兴服务业法人单位数占服务业法人单位数比重的阈值划分。依据国家"十四五"规划和 2035 年远景目标，聚焦产业转型升级和居民消费升级需要，扩大服务业有效供给，提高服务效率和服务品质，构建优质高效、结构优化、竞争力强的服务产业新体系。以预警期内西部地区各省份新兴服务业法人单位数占服务业法人单位数比重从小到大排序 1/4 分位数作为超载极重警阈值，以预警期内西部地区新兴服务业法人单位数占服务业法人单位数比重的均值作为超载重警阈值，以预警期内全国新兴服务业法人单位数占服务业法人单位数比重均值作为超载轻警阈值，以前两者均值作为临界超载中警阈值。

单位服务业用地固定资产投入的阈值划分。根据《全国国土规划纲要（2016-2030 年）》，全面提升土地节约集约利用水平，严控新增建设用地，有效管控新城新区和开发区无序扩张。以预警期内西部地区各省份单位服务业用地固定资产投入均值从大到小排序 1/4 分位数作为超载轻警阈值，以预警期内西部地区单位服务业用地固定资产投入均值作为超载中警阈值，以预警期内东中部地区单位服务业用地固定资产投入的均值作为超载极重警阈值，以前两者均值作为超载重警阈值。

单位服务业用地劳动力投入的阈值划分。依据国家"十四五"规划和 2035 年远景目标，健全有利于更充分更高质量就业的促进机制，扩大就业容量，提升就业质量，缓解结构性就业矛盾。以预警期内西部地区各省份单位服务业用地劳动力投入均值从小到大排序 1/4 分位数作为超载极重警阈值，以预警期内西部地区单位服务业用地劳动力投入的均值作为超载中警阈值，以前两者均值作为超载重警阈值，以预警期内东中部地区单位服务业用地劳动力投入均值作为超载轻警阈值。

农业单位用地产值的阈值划分。根据 2020 年中国科学院预测，"十四五"时期我国年均 GDP 增速的预期目标是 5% 左右，预期五年内累计增长 27.63%，经估计农业增加值增长率＝0.707×GDP 增长率，可测算出"十四五"时期农业增加值累计增长 18.97%。根据《全国国土规划纲要（2016-2030 年）》，全国 2030 年耕地保有量 18.25 亿亩，比 2020 年耕地保有量 18.65 亿亩减少 2.14%，即农业生产空间减少 2.14%。依据规划目标，可测算出"十四五"时期农业单位用地产值增长 21.57%。以 2019 年为基期，以东中部地区农业平均单位用地产值均值增长 21.57% 作为超载轻警阈值，以西部地区农业平均单位用地产值均值增长 21.57% 作为超载中警阈值，以预警期内西部地区农业单位用地产值均值为超载极重警阈值，以前两者均值作为超载重警阈值。

农业单位能耗产值的阈值划分。根据"十四五"时期我国 GDP 五年内累计增长 27.63% 的预期目标，按照农业增加值增长率＝0.707×GDP 增长率，可测算出"十四五"时期农业增加值累计增长 18.97%。依据国家"十四五"规划和 2035 年远景目标，"十四五"时期我国农作物耕种收综合机械化率提升到 75%，比 2020 年的 71% 提升 4 个百分点。假设农作物耕种收综合机械化率提升 1 个百分点，农业生产能耗增长 1 个百分点，即"十四五"时期农业生产能耗增长 4%。依据规划目标，可测算出"十四五"时期农业单位能耗产值增长 14.39%。以预警期内西部地区各省份农业单位能源消耗产值均值从大到小排序 1/4 分位数作为超载轻警阈值；以 2019 年为基期，以西部地区农业单位能耗产值均值增长 14.39% 的值作为超载中警阈值，以预警期内西部地区农业单位能耗产值均值作为超载重警阈值，以预警期内东中部地区农业单位能耗产值均值作为超载极重警阈值。

农业单位水耗产值的阈值划分。根据"十四五"时期我国 GDP 五年内累计增长 27.63%的预期目标，按照农业增加值增长率＝0.707×GDP 增长率，可测算出"十四五"时期农业增加值累计增长 18.97%。根据《全国国土规划纲要（2016-2030 年）》，到 2030 年，全国节水灌溉面积占农田灌溉面积的 85%以上，比 2020 年的 53.96%上升 31.04 个百分点，2025 年上升幅度以一半计算，即 15.05 个百分点。假设农业节水灌溉面积占比提升 1 个百分点，农业用水量减少 1 个百分点，"十四五"时期全国农业用水减少 15.05%。依据规划目标，可测算出"十四五"时期农业单位水耗产值增长 40.05%。以 2019 年为基期，以东中部地区农业单位水耗产值均值增长 40.05%作为超载轻警阈值，以西部地区农业单位水耗产值均值增长 40.05% 作为超载中警阈值，以预警期内西部地区农业单位水耗产值均值作为超载重警阈值，以预警期内西部地区各省份农业单位水耗产值均值从小到大排序 1/4 分位数作为超载极重警阈值。

农业单位产值主要污染物排放量的阈值划分。根据"十四五"时期我国 GDP 五年内累计增长 27.63%的预期目标，按照农业增加值增长率＝0.707×GDP 增长率，可测算出"十四五"时期农业增加值累计增长 18.97%。依据国家"十四五"规划和 2035 年远景目标，化学需氧量和氨氮排放总量分别下降 8%。依据规划目标，可测算出"十四五"时期农业单位产值主要污染物排放量减少 22.67%。以预警期内西部地区各省份农业单位产值主要污染物排放量均值从小到大排序 1/4 分位数作为超载轻警阈值；以 2019 年为基期，以西部地区农业平均单位空间主要污染物排放产值减少 22.67%作为超载中警阈值，以预警期内全国农业单位产值主要污染物排放量均值作为超载重警阈值，以预警期内东中部地区农业单位产值主要污染物排放量的均值为超载极重警阈值。

农业全员劳动生产率的阈值划分。依据国家"十四五"规划和 2035 年远景目标，"十四五"时期国家全员劳动生产率高于 GDP 增长速度。根据"十四五"时期我国 GDP 五年内累计增长 27.63%的预期目标，按照农业增加值增长率＝0.707×GDP 增长率，可测算出"十四五"时期农业增加值累计增长 18.97%，依据规划目标"十四五"时期农业全员劳动生产率累计增长至少 18.97%。以 2019 年为基期，以东中部地区农业全员劳动生产率均值增长 18.97% 作为超载轻警阈值，以西部地区农业平均全员劳动生产率增长 18.97% 作为超载中警阈值，以预警期内全国农业全员劳动生产率均值作为超载重警阈值，以预警期内西部地区农业全员劳动生产率均值从小到大排序 1/4 分位数作为超载极重警阈值。

工业单位用地产值的阈值划分。根据"十四五"时期我国 GDP 五年内累计增长 27.63% 的预期目标，经估计工业增加值增长率＝0.877×GDP 增长率，可测算出"十四五"时期工业增加值累计增长 23.92%。根据《全国国土规划纲要（2016-2030 年）》，我国 2020 年、2030 年城镇空间达到 10.21 万平方千米、11.67 万平方千米，城镇空间增长 14.3%，"十四五"时期增长幅度按一半计算，即增长 7.15%，假设工业生产空间与城镇空间同比增长。依据规划目标，可测算出"十四五"时期工业单位用地产值增长 15.65%。以 2019 年为基期，以东中部地区工业单位用地产值均值增长 15.65% 作为超载轻警阈值，以预警期内全国工业平均单位用地产值均值作为超载极重警阈值，以前两者均值作为超载中警阈值，以预警期内西部地区各省份工业平均单位用地产值均值从小到大排序 1/4 分位数作为超载极重警阈值。

工业单位能耗产值的阈值划分。根据"十四五"时期我国 GDP 五年内累计增长 27.63% 的预期目标，按照工业增加值增长率＝0.877×GDP 增长率，可测算出"十四五"时期工业增加值累计增长 23.92%。依据国家"十四五"规划和 2035 年远景目标，五年内单位 GDP 能源消耗降低 13.5%，可测算出"十四五"时期能耗增长 10.4%。假设工业能耗与全社会总能耗同比增长，可测算出"十四五"时期工业单位能耗产值增长 12.25%。以 2019 年为基期，以东中部地区工业平均单位能耗产值增长 12.25% 作为超载轻警阈值，以预警期内全国工业单位能耗产值均值作为超载中警阈值，以预警期内西部地区工业单位能耗产值均值作为超载重警阈值，以预警期内西部地区工业单位能耗产值均值从小到大排序 1/4 分位数作为超载极重警阈值。

工业单位水耗产值的阈值划分。根据"十四五"时期我国 GDP 五年内累计增长 27.63%的预期目标，按照工业增加值增长率 = 0.877×GDP 增长率，可测算出"十四五"时期工业增加值累计增长 23.92%。依据国家"十四五"规划和 2035 年远景目标，"十四五"时期单位 GDP 用水量下降 16% 左右，结合 GDP 增长预期目标，可测算出"十四五"时期用水量增长 7.21%，假设工业能耗与全社会总能耗同比增长，即"十四五"时期工业用水量增长 7.21%。依据规划目标，可测算出"十四五"时期工业单位水耗产值增长 15.59%。为了体现国家单位产值用水量的强约束，以 2019 年为基期，以东中部地区工业平均单位能耗产值增长 15.59%作为超载轻警阈值，以预警期内西部地区工业单位水耗产值均值作为超载重警阈值，以前两者均值作为超载中警阈值，以预警期内西部地区各省份工业单位水耗产值均值从小到大排序 1/4 分位数作为超载极重警阈值。

工业单位产值主要污染物排放量的阈值划分。根据"十四五"时期我国 GDP 五年内累计增长 27.63%的预期目标，按照工业增加值增长率 = 0.877×GDP 增长率，可测算出"十四五"时期工业增加值累计增长 23.92%。依据国家"十四五"规划和 2035 年远景目标，氮氧化物和挥发性有机物排放总量分别下降 10%以上，化学需氧量和氨氮排放总量分别下降 8%，可测算出"十四五"时期工业单位产值主要污染物排放量减少 26.57%。以 2019 年为基期，以东中部地区工业单位产值主要污染物排放量均值减少 26.57%作为超载轻警阈值，以西部地区工业单位产值主要污染物排放量均值减少 26.57%作为超载中警阈值，以预警期内西部地区工业单位产值主要污染物排放量的均值作为超载极重警阈值，以前两者均值作为超载重警阈值。

工业全员劳动生产率的阈值划分。依据国家"十四五"规划和 2035 年远景目标，"十四五"时期国家全员劳动生产率高于 GDP 增长速度。根据"十四五"时期我国 GDP 五年内累计增长 27.63%的预期目标，按照工业增加值增长率 = 0.877×GDP 增长率，可测算出"十四五"时期工业增加值累计增长 23.92%，依据规划目标"十四五"时期工业全员劳动生产率累计增长至少 23.92%。以 2019 年为基期，以东中部地区工业全员劳动生产率均值增长 23.92% 作为超载轻警阈值，以预警期内西部地区工业全员劳动生产率均值作为超载重警阈值，以前两者均值作为超载中警阈值，以预警期内西部地区各省份工业全员劳动生产率均值从小到大排序 1/4 分位数作为超载极重警阈值。

服务业单位用地产值的阈值划分。根据"十四五"时期我国年均 GDP 增速预期目标 5% 左右，预期五年内累计增长 27.63%，经估计服务业增加值增长率=1.273×GDP 增长率，可测算出"十四五"时期服务业增加值累计增长 36.16%。根据《全国国土规划纲要（2016-2030 年）》，我国 2020 年、2030 年城镇空间达到 10.21 万平方千米、11.67 万平方千米，城镇空间增长 14.3%，"十四五"时期增长幅度按一半计算，即增长 7.15%，可测算出"十四五"时期服务业单位用地产值增长 22.98%。以 2019 年为基期，以东中部地区服务业平均单位用地产值增长 22.98% 作为超载轻警阈值，以西部地区服务业平均单位用地产值增长 22.98% 作为超载中警阈值，以预警期内全国服务业单位用地产值均值作为超载极重警阈值，以预警期内西部地区服务业单位用地产值均值作为超载极重警阈值。

服务业单位能耗产值的阈值划分。根据"十四五"时期我国 GDP 五年内累计增长 27.63% 的预期目标，经估计服务业增加值增长率=1.273×GDP 增长率，可测算出"十四五"时期服务业增加值累计增长 36.16%。依据国家"十四五"规划和 2035 年远景目标，五年内单位 GDP 能源消耗降低 13.5%。依据能耗规划目标，结合 GDP 增长预期目标，可测算出"十四五"时期能耗增长 10.4%。假设服务业生产空间与城镇空间同比例增长，依据规划目标可测算出"十四五"时期服务业单位能耗产值增长 23.33%。以 2019 年为基期，以东中部地区服务业单位能耗产值均值增长 23.33% 作为超载轻警阈值，以西部地区服务业单位能耗产值均值增长 23.33% 作为超载中警阈值，以预警期内西部地区各省份服务业单位能耗产值均值 1/4 分位数作为超载极重警阈值，以前两者均值作为超载重警阈值。

服务业单位水耗产值的阈值划分。根据"十四五"时期我国 GDP 五年内累计增长 27.63% 的预期目标,经估计服务业增加值增长率 = 1.273×GDP 增长率,可测算出"十四五"时期服务业增加值累计增长 36.16%。依据国家"十四五"规划和 2035 年远景目标,"十四五"时期单位 GDP 用水量下降 16% 左右。依据水耗规划目标和 GDP 增长预期目标,可测算出"十四五"时期全社会用水量增长 7.21%,假设服务业用水与全社会用水总量同比增长,可测算出"十四五"时期服务业单位水耗产值增长 27%。以 2019 年为基期,以东中部地区服务业平均单位水耗产值增长 27% 作为超载轻警阈值,以西部地区服务业平均单位水耗产值增长 27% 作为临界超载中警阈值,以预警期内全国服务业单位水耗产值均值作为超载重警阈值,以预警期内西部地区服务业单位水耗产值均值从小到大排序 1/4 分位数作为超载极重警阈值。

服务业全员劳动生产率的阈值划分。根据"十四五"时期我国 GDP 五年内累计增长 27.63% 的预期目标,经估计服务业增加值增长率 = 1.273×GDP 增长率,可测算出"十四五"时期服务业增加值累计增长 36.16%。依据规划目标,"十四五"时期服务业全员劳动生产率累计增长至少 36.16%。从全国服务业全员劳动生产率来看,西部地区服务业全员劳动生产率明显低于全国平均水平和东中部地区。以 2019 年为基期,以西部地区服务业平均全员劳动生产率增长 36.16% 作为超载轻警阈值,以预警期内全国服务业全员劳动生产率均值作为超载重警阈值,以前两者均值作为超载中警阈值,以预警期内西部地区服务业全员劳动生产率均值作为超载极重警阈值。

城市人均生活用地面积的阈值划分。依据国家"十四五"规划和 2035 年远景目标,加快推动农业转移人口全面融入城市,常住人口城镇化率从 2020 年的 60.6% 提高到 2025 年的 65%。根据《全国国土规划纲要(2016-2030 年)》,我国城镇空间 2020 年达到 10.21 万平方千米、2030 年达到 11.67 万平方千米。根据规划目标,可测算出 2025 年城镇空间增长约 7.15%,城镇人口增长约 8.92%,城市人均生活用地面积减少 1.63%。以 2019 年为基期,以西部地区城市人均生活用地面积均值减少 1.63% 作为超载轻警阈值,以预警期内全国城镇人口生活用地面积均值作为超载中警阈值，以预警期内西部地区各省份城镇平均人均生活用地面积均值从大到小排序 1/4 分位数作为超载极重警阈值，以前两者均值作为超载重警阈值。

城市居民人均生活能耗的阈值划分。依据国家"十四五"规划和 2035 年远景目标，五年内单位 GDP 能源消耗降低 13.5%。依据能耗规划目标，结合 GDP 增长预期目标，可测算出"十四五"时期能耗增长 10.4%，城镇人口增长约 8.92%，即城市居民人均生活能耗增长 1.36%。以预警期内西部地区各省份城市居民人均生活能耗均值 1/4 分位数作为超载轻警阈值，以预警期内西部地区城市居民人均生活能耗均值作为超载重警阈值，以前两者均值作为超载中警阈值；以 2019 年为基期，以东中部地区城市居民人均生活能耗均值增长 1.36% 作为超载极重警阈值。

城市居民人均生活日用水量的阈值划分。依据国家"十四五"规划和 2035 年远景目标，实施国家节水行动，建立水资源刚性约束制度，强化农业节水增效、工业节水减排和城镇节水降损。以预警期内西部地区城市居民人均生活日用水量均值从小到大排序 1/4 分位数作为超载轻警阈值，以预警期内西部地区城市居民人均生活日用水量均值作为超载中警阈值，以预警期内全国城市居民人均生活日用水量均值作为超载重警阈值，以预警期内东中部地区城市居民人均生活日用水量均值作为超载极重警阈值。

城市居民平均人均生活主要污染物排放量的阈值划分。依据国家"十四五"规划和 2035 年远景目标，常住人口城镇化率 2025 年提高到 65%，可测算出"十四五"时期城镇人口增长 8.92%；氮氧化物和挥发性有机物排放总量分别下降 10% 以上，化学需氧量和氨氮排放总量分别下降 8%，即平均下降幅度 9%，可测算出"十四五"时期城市居民人均生活主要污染物排放量较少 16.45%。以 2019 年为基期，以东中部地区城市居民平均人均生活主要污染物排放量减少 16.45% 作为超载轻警阈值，以西部地区城市居民平均人均生活主要污染物排放量减少 16.45% 作为超载中警阈值，以预警期内西部地区城市居民人均生活主要污染物排放均值作为超载重警阈值，以预警期内西部地区各省份城市居民平均人均生活主要污染物排放均值从大到小排序 1/4 分位数作为超载极重警阈值。

乡村居民人均生活用地的阈值划分。根据《乡村振兴战略规划（2018-2022年）》，坚持节约集约用地，遵循乡村传统肌理和格局，划定空间管控边界。以预警期内西部地区各省份乡村居民人均生活用地面积从小到大排序1/4分位数作为超载轻警阈值，以预警期内东中部地区乡村居民人均生活用地面积均值作为超载中警阈值，以预警期内全国乡村居民人均生活用地面积均值作为超载重警阈值，以预警期内西部地区乡村居民人均生活用地面积均值作为超载极重警阈值。

乡村居民人均生活能耗的阈值划分。依据国家"十四五"规划和2035年远景目标，"十四五"时期生产生活方式绿色转型成效显著，能源资源配置更加合理、利用效率大幅提高。以预警期内西部地区乡村居民人均生活能耗均值作为超载轻警阈值，以预警期内东中部地区乡村居民人均生活能耗均值作为超载中警阈值，以预警期内西部地区乡村居民人均生活能耗均值从大到小排序1/4分位数作为超载极重警阈值，以前两者均值作为超载重警阈值。

乡村居民人均生活日用水量的阈值划分。依据国家"十四五"规划和2035年远景目标，实施国家节水行动，建立水资源刚性约束制度，强化农业节水增效、工业节水减排和城镇节水降损。以预警期内西部地区各省份乡村居民人均生活日用水量均值从小到大排序1/4分位数作为超载轻警阈值，以预警期内西部地区乡村居民人均生活日用水量均值作为临界超载中警阈值，以预警期内全国乡村居民人均生活日用水量均值作为临界超载重警阈值，以预警期内东中部地区乡村居民人均生活日用水量均值作为临界超载极重警阈值。

城镇居民可支配收入的阈值划分。依据国家"十四五"规划和2035年远景目标，居民可支配收入与GDP增长基本同步，依据GDP增长预期目标，可测算出"十四五"时期居民可支配收入累计增长27.63%。以2019年为基期，以西部地区城镇居民家庭人均可支配收入增长27.63%作为超载轻警阈值，以预警期内西部地区城镇居民家庭人均可支配收入均值作为超载重警阈值，以前两者均值作为超载中警阈值，以预警期内西部地区各省份城市居民人均可支配收入均值从小到大排序 1/4 分位数作为超载极重警阈值。

每十万人口高等学校平均在校生数阈值划分。根据中共中央、国务院印发《中国教育现代化 2035》，到 2035 年新增劳动力中受过高中及高等教育的比例从 2020 年的 90%提升到 2035 年的 95%，提升 5 个百分点，每 5 年平均提升 1.67 个百分点。假设总人口与新增劳动力同比增长，至 2025 年每十万人口高等学校平均在校生数约提升 1.67 个百分点。以 2019 年为基期，以东中部地区每十万人口高等学校平均在校生数增长 1.67%作为超载轻警阈值，以西部地区每十万人口高等学校平均在校生数增长 1.67%作为超载中警阈值，以预警期内西部地区每十万人口高等学校平均在校生数的均值作为超载极重警阈值，以前两者均值作为超载重警阈值。

城市每万人拥有执业（助理）医师数阈值划分。依据国家"十四五"规划和 2035 年远景目标，到 2025 年每万人拥有执业（助理）医师数从 2019 年的 29 人增加到 32 人，提升了 10.34%。假设城市每万人拥有执业（助理）医师数与人口同比增长，可测算出"十四五"时期城市每万人拥有执业（助理）医师数增长 10.34%。以全国城市每万人拥有执业（助理）医师数 2025 年规划目标 32 人作为超载轻警阈值；以 2019 年为基期，以西部地区城市每万人拥有执业（助理）医师数增长 10.34%作为超载中警阈值；以预警期内西部地区城市每万人拥有执业（助理）医师数的均值作为超载重警阈值，以预警期内西部地区各省份城市每万人拥有执业（助理）医师数均值从小到大排序 1/4 分位数作为超载极重警阈值。

重点城市空气质量优良天数比例的阈值划分。依据国家"十四五"规划和 2035 年远景目标，2025 年地级以上城市空气质量优良天数比例达到 87.5%。以 2025 年规划目标重点城市空气质量优良天数比例达到 87.5%作为超载轻警阈值；以 2019 年为基期，以全国地区重点城市空气质量优良天数比例均值作为超载重警阈值；以前两者均值作为临界超载中警阈值；以预警期内西部地区重点城市空气质量优良天数比例均值作为超载极重警阈值。

城市建成区绿化覆盖率的阈值划分。根据《全国森林城市发展规划（2018-2025年）》，城市绿化覆盖率标准，华东、华南区城市建成区绿化覆盖率40.86%，东北、华北区城市建成区绿化覆盖率39.3%，西南区城市建成区绿化覆盖率38.83%，西北区城市建成区绿化覆盖率34.82%，全国均值为38.45%。以华东、华南地区森林城市建设规划目标建成区绿化覆盖率40.86%作为超载轻警阈值，以西南地区森林城市建设规划目标建成区绿化覆盖率38.83%作为超载中警阈值，以预警期内西部地区城市建成区绿化覆盖率的均值作为超载重警阈值，以西北地区森林城市规划目标建成区绿化覆盖率34.83%作为超载极重警阈值。

城市居民用水普及率阈值划分。依据国家"十四五"规划和2035年远景目标，实施国家节水行动，建立水资源刚性约束制度，强化城镇节水降损。因城市居民自来水普及率随时间快速增长，以2019年为基期，以东中部地区城市居民自来水普及率的均值作为超载轻警阈值；以预警期内全国城市居民自来水普及率均值作为超载中警阈值，以预警期内西部地区城市居民自来水普及率的均值作为超载重警阈值，以预警期内西部地区各省份城市居民自来水普及率均值从小到大排序1/4分位数作为超载极重警阈值。

城市居民燃气普及率阈值划分。据国家"十四五"规划和2035年远景目标纲要，"十四五"时期生产生活方式绿色转型成效显著，能源资源配置更加合理、利用效率大幅提高。以2019年为基期，以全国城市居民燃气普及率的均值作为超载轻警阈值；以预警期内东中部地区城市居民燃气普及率均值作为超载中警阈值，以西部地区城市居民燃气普及率值作为超载重警阈值，以西部地区各省份城市居民燃气普及率均值从小到大排序1/4分位数作为超载极重警阈值。

城市居民生活污水处理率阈值划分。据国家"十四五"规划和2035年远景目标纲要，城市居民生活污水处理是需要持续推进整改的生态环境突出问题之一，要构建集污水、垃圾、固废、危废、医废处理处置设施和监测监管能力于一体的环境基础设施体系。以2019年为基期，以东中部地区城市居民生活污水处理率均值作为超载轻警阈值；以预警期内全国城市居民生活污水处理率按时间从大到小排序 1/4 分位数作为超载中警阈值，以预警期内全国城市居民生活污水处理率均值作为超载重警阈值，以预警期内西部地区城市居民生活污水处理率均值作为超载极重警阈值。

城市居民生活垃圾无害化处理率阈值划分。据国家"十四五"规划和2035 年远景目标纲要，城市居民生活垃圾无害化处理也是需要持续推进整改的生态环境突出问题之一。以 2019 年为基期，以东中部地区城市居民生活垃圾无害化处理率均值作为超载轻警阈值，以全国城市居民生活垃圾无害化处理率均值作为超载中警阈值；以预警期内全国城市居民生活垃圾无害化处理率均值作为超载极重警阈值，以前两者均值作为临界超载重警阈值。

乡村居民人均可支配收入的阈值划分。依据国家"十四五"规划和2035 年远景目标，居民可支配收入与 GDP 增长基本同步，依据 GDP 增长预期目标，可测算出"十四五"时期居民可支配收入累计增长 27.63%。以2019 年为基期，以西部地区乡村居民家庭人均可支配收入增长 27.63%作为超载轻警阈值；以预警期内全国乡村居民家庭人均可支配收入均值作为超载重警阈值，以前两者均值作为超载中警阈值，以预警期内西部地区乡村居民家庭人均可支配收入均值作为超载极重警阈值。

乡村义务教育本科以上专任教师比例的阈值划分。根据中共中央、国务院印发《中国教育现代化 2035》，2020~2035 年，义务教育本科以上专任教师比例从 75%提升到 95%以上，即每 5 年平均提升至少 6.67 个百分点，即到 2025 年提升至 81.67%。以全国义务教育本科以上专任教师比例 2025年规划目标 81.67%作为超载轻警阈值；以 2019 年为基期，以西部地区乡村义务教育本科以上专任教师比例增长 6.67%作为临界超载中警阈值；以预警期内西部地区乡村义务教育本科以上专任教师比例的均值作为超载极重警阈值，以前两者均值作为超载重警阈值。

乡村每万人拥有执业（助理）医师数的阈值划分。依据国家"十四五"规划和 2035 年远景目标，到 2025 年每万人拥有执业（助理）医师数从 29人增加到 32 人，提升了 10.34%。以 2019 年为基期，以全国乡村每万人拥有执业（助理）医师数增长 10.34%作为临界超载阈值，以西部地区乡村每万人拥有执业（助理）医师数增长 10.34%作为临界超载中警阈值，以预警期内西部地区乡村每万人拥有执业（助理）医师数的均值作为超载极重警阈值，以前两者均值作为超载阈值。

乡村自来水普及率的阈值划分。《乡村振兴战略规划（2018 - 2022年）》明确指出，巩固提升农村饮水安全保障水平，乡村居民用水普及率是提升农村饮用水安全的重要途径。以 2019 年为基期，以东中部地区乡村自来水普及率均值为超载轻警阈值；以预警期内全国乡村自来水普及率均值作为超载重阈值，以前两者均值作为临界超载中警阈值，以预警期内西部地区乡村自来水普及率均值作为超载极重警阈值。

乡村居民燃气普及率的阈值划分。依据国家"十四五"规划和 2035 年远景目标，"十四五"时期生产生活方式绿色转型成效显著，能源资源配置更加合理、利用效率大幅提高。以 2019 年为基期，以东中部地区乡村居民燃气普及率值为超载轻度阈值；以预警期内全国乡村居民燃气普及率均值作为临界超载中警阈值，以预警期内西部地区乡村居民燃气普及率均值作为超载重警阈值；考虑乡村居民燃气普及率随时间快速增长，以预警期内西部地区各省份乡村居民燃气普及率均值从小到大排序 1/2 分位数作为超载极重警阈值。

生活污水进行处理的乡村占比的阈值划分。《乡村振兴战略规划（2018-2022 年）》明确指出，开展农村人居环境整治提升行动，稳步解决"垃圾围村"和乡村黑臭水体等突出环境问题。以东中部地区各省份对生活污水进行处理的乡村占比作为超载轻警阈值，以西部地区对生活污水进行处理的乡村占比均值为超载中警阈值；以预警期内全国对生活污水进行处理的乡村占比均值作为超载重阈值，以预警期内西部地区对生活污水进行处理的乡村占比均值作为超载极重警阈值。

生活垃圾进行处理的乡村占比的阈值划分。《乡村振兴战略规划（2018-2022 年）》明确指出，开展农村人居环境整治提升行动，稳步解决"垃圾围村"和乡村黑臭水体等突出环境问题。以东中部地区对生活垃圾进行处理的乡村占比作为超载轻警阈值，以全国对生活垃圾进行处理的乡村占比作为超载中警阈值；以预警期内西部地区对生活垃圾进行处理的乡村占比均值作为超载极重警阈值，以前两者均值作为临界超载重警阈值。

乡村无害化厕所普及率的阈值划分。《乡村振兴战略规划（2018-2022年）》明确指出，开展农村人居环境整治提升行动，稳步解决"垃圾围村"和乡村黑臭水体等突出环境问题。以东中部地区乡村无害化卫生厕所普及率作为超载轻警阈值；以预警期内全国乡村无害化厕所普及率均值作为超载重警阈值，以前两者均值作为临界超载中警阈值，以预警期内西部地区乡村无害化厕所普及率均值作为超载极重警阈值。

综上所述，本书对监测预警指标阈值主要依据国家关于生产空间集约高效、生活空间宜居适度、生态空间山清水秀的阶段性规划发展目标来进行划分。其中，生产空间集约高效阶段性规划发展目标主要表现为生产活动对资源环境开发利用集约程度的提升目标以及对资源环境开发利用效率的提升目标，表征生产活动对资源环境本底条件施加压力的改善，即生产活动对山水林田湖草沙生态系统整体扰动损害程度的降低；生活空间适度宜居阶段性规划发展目标主要表现为生活活动对资源环境开发利用适度性的提升目标以及对资源环境开发利用满足生活需求标准的提升目标，表征生活活动对资源环境本底条件施加压力整体的改善状况，即生活活动对山水林田湖草沙生态系统整体扰动损害程度的降低；生态空间山清水秀阶段性规划发展目标主要表现为对资源环境本底条件保护与修复及生态服务功能的提升目标，表征山水林田湖草沙生态自然本底条件修复及其对生产生活活动支撑力的改善状况。

5.3.2 专项集成监测预警指数阈值划分

在上述监测预警指标阈值划分基础上，依据集成效应，借鉴国土资源部2016年公布的《国土资源环境承载力评价技术要求》提出的阈值划分技术标准，对监测预警涉及的18项专项集成预警指数的阈值进行了科学划分，具体如表5-4所示。

表5-4　"三生空间"视角下西部地区资源环境承载力监测预警指数阈值划分及依据

序号	指数名称	超载		临界超载		不超载	划分依据
		极重警	重警	中警	轻警	无警	
		红色	橙色	黄色	蓝色	绿色	
1	农业生产集约性专项集成预警指数	←30.64	41.49	47.46	53.43	→	数据技术
2	工业生产集约性专项集成预警指数	←44.76	52.31	57.29	62.27	→	数据技术
3	服务业生产集约性专项集成预警指数	←17.67	41.51	50.93	60.35	→	数据技术
4	农业生产高效性专项集成预警指数	←18.40	37.85	49.59	61.34	→	数据技术
5	工业生产高效性专项集成预警指数	←24.09	32.49	43.08	53.67	→	数据技术
6	服务业生产高效性专项集成预警指数	←14.19	26.33	38.46	47.13	→	数据技术
7	城市生活适度性专项集成预警指数	←33.86	50.32	60.02	69.73	→	数据技术
8	乡村生活适度性专项集成预警指数	←42.18	56.56	69.11	81.67	→	数据技术
9	城市生活宜居性专项集成预警指数	←24.29	45.22	54.08	62.94	→	数据技术
10	乡村生活宜居性专项集成预警指数	←11.51	34.03	46.44	58.85	→	数据技术
11	生产集约性专项集成预警指数	←36.34	53.74	61.04	68.35	→	数据技术
12	生产高效性专项集成预警指数	←17.62	26.03	34.44	52.16	→	数据技术
13	生活适度性专项集成预警指数	←34.35	52.71	63.46	74.21	→	数据技术
14	生活宜居性专项集成预警指数	←18.49	32.18	46.35	60.53	→	数据技术
15	生产活动施加压力专项集成预警指数	←24.94	31.42	43.05	54.68	→	数据技术
16	生活活动施加压力专项集成预警指数	←25.61	34.96	44.30	55.50	→	数据技术
17	资源环境本底条件支撑力专项集成预警指数	←45.60	59.50	67.05	74.61	→	数据技术
18	"三生空间"视角下资源环境承载力综合集成预警指数	←33.67	42.73	49.12	55.51	→	数据技术

本章在专项集成预警指数阈值划分过程中，主要依据的是西部地区 12 个省份横向比较来确定各指数的阈值，即根据国土资源部 2016 年公布的《国土资源环境承载力评价技术要求》，对于正向指标，指标理想值原则上越大越佳，当采用下辖各行政单元相关指标现状值作为依据时，允许在不小于 1/4 分位数（所有下辖行政单元指标现状值从大到小）中选择。由于各指数均属于正向指标，本章按照预警期内各省区市相应指数的均值从大到小排序，1/4 分位数作为超载轻警阈值，1/2 分位数作为超载重警阈值，以前两者作为超载中警阈值，3/4 分位数作为超载极重警阈值，充分体现专项集成预警指数的集成效应与综合效应。

5.4 "三生空间"视角下西部地区资源环境承载力监测预警研判分析

通过第 3 章构建的监测预警评价指数模型，结合西部地区相关数据的收集整理，以及相关预警指标权重阈值划分，本章重点对"三生空间"视角下西部地区资源环境承载力的监测预警评价指数进行测度分析。

5.4.1 "三生空间"视角下西部地区资源环境承载力的警情分析

5.4.1.1 综合集成效应下资源环境承载力警情分析

由图 5-1 可知，2008~2019 年西部地区 12 个省份的资源环境承载力监测预警综合集成评价指数呈现明显上升趋势，表示综合集成效应下资源环境承载力整体明显提升。其中，综合集成评价指数提升 30 个百分点以上的有广西、重庆、四川、陕西 4 个省份，分别提升 32.15 个、32.01 个、33.01 个、31.37 个百分点，分别提升了 95.35%、91.28%、87.76%、92.06%；综合集成评价指数提升 30 个百分点以下 20 个百分点以上的有内蒙古、贵州、云南、青海、宁夏 5 个省份，分别提升 23.52 个、27.56 个、27.91 个、

20.78 个、22.07 个百分点，分别提升了 94.98%、96.47%、74.82%、73.84%、103.3%；综合集成评价指数提升 20 个百分点以下 10 个百分点以上的有西藏、甘肃、新疆 3 个省份，分别提升 12.64 个、18.36 个、16.18 个百分点，分别提升了 41.04%、69.89%、60.62%。因此，从"三生空间"融合协同发展的视角来看，这意味着随着人口增长、经济发展规模壮大以及生产生活需求标准发生变化，西部地区 12 个省份的资源环境承载力也正在逐步大幅改善，生态文明建设成效显著。

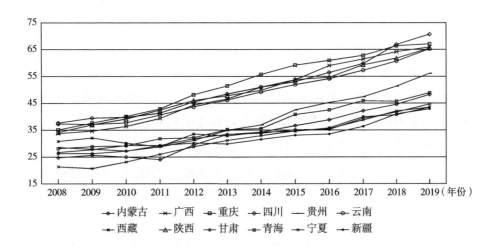

图 5-1 西部各省份资源环境承载力监测预警综合评价指数变化趋势

从重要时间节点来看，2008～2012 年，西部地区 12 个省份综合集成评价指数年均提升幅度分别为内蒙古 1.18%、广西 2.64%、重庆 3.27%、四川 1.96%、贵州 0.64%、云南 1.57%、西藏 0.67%、陕西 2.98%、甘肃 1.37%、青海 0.99%、宁夏 1.84%、新疆 0.87%；2012～2017 年，综合集成评价指数年均提升幅度分别为内蒙古 2.53%、广西 3.43%、重庆 2.93%、四川 2.86%、贵州 3.26%、云南 2.73%、西藏 1.29%、陕西 2.66%、甘肃 1.52%、青海 2.76%、宁夏 2.00%、新疆 1.62%；2017 年之后，综合集成评价指数年均提升幅度分别为内蒙古 3.07%、广西 2.23%、重庆 2.16%、四川5.44%、贵州4.35%、云南3.98%、西藏1.75%、陕西3.09%、甘肃2.64%、青海1.5%、宁夏2.36%、新疆2.45%。可见，党的十八大至党的十九大期间西部地区12个省份中有10个省份的综合集成评价指数年均提升幅度明显大于党的十七大至党的十八大期间的年均提升幅度，占比83.33%；自党的十九大以来，西部地区12个省份有9个省份的综合集成评价指数年均提升幅度明显大于党的十八大至党的十九大期间的年均提升幅度，占比75%。因此，自党的十八大以来，随着国家生态文明战略实施不断推进，西部地区的生态文明建设呈现加速发展新局面，从山水林田湖草沙系统的保护与修复到绿色发展理念融入人们的生产、生活，再到人与自然"命运共同体"的耦合协同及生态环境改善与社会经济发展良性互动都取得了积极成效。

从综合集成评价指数曲线来看，西部地区12个省份综合集成评价指数曲线明显按照两类集聚。第一类是整体指数曲线相对较高的地区，即资源环境承载力相对较大的省份，具体包括重庆、四川、广西、云南、陕西5个省份，主要集中在西南季风气候区；第二类是整体指数曲线相对较低的省份，即资源环境承载力相对较小的省份，具体包括内蒙古、贵州、西藏、甘肃、青海、宁夏、新疆，主要集中在西北干旱半干旱区和青藏高原区。因此，西南季风气候区的资源环境承载力整体状况明显优于西北干旱半干旱区和青藏高原区。

5.4.1.2　专项集成效应下资源环境承载力警情分析

（1）专项集成效应下生产压力的警情分析。

由图5-2可知，2008~2019年西部地区12个省份生产活动对资源环境本底条件施加压力专项集成监测预警评价指数呈现明显上升趋势。这是一个反向评价指数，评价指数越大意味着资源环境开发利用集约程度越高、开发利用效率越高，则生产活动实际给资源环境本底条件施加压力越小。因此，生产专项集成评价指数上升意味着生产活动施加压力的改善。

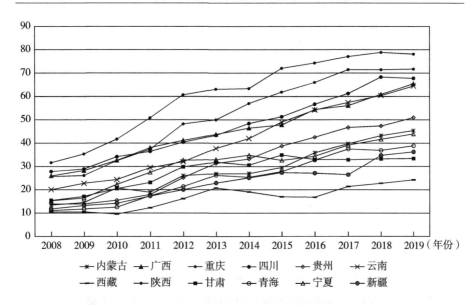

图 5-2 西部各省份生产活动对资源环境施加压力专项集成监测预警评价指数变化趋势

从生产专项集成评价指数上升趋势来看，生产专项集成评价指数提升 40 个百分点以上的有重庆、四川、云南、陕西 4 个省份，分别提升 46.13 个、40.00 个、44.48 个、346.69 个百分点，分别提升了 180.24%、143.92%、222.09%、146.9%；生产专项集成评价指数提升 40 个百分点以下 30 个百分点以上的有内蒙古、广西、贵州 3 个省份，分别提升 31.92 个、39.57 个、37.05 个百分点，分别提升了 237.43%、152.89%、266.93%；生产专项集成评价指数提升 30 个百分点以下 20 个百分点以上的有青海、宁夏、新疆 3 个省份，分别提升 27.75 个、28.66 个、24.45 个百分点，分别提升了 249.74%、187.62%、207.12%；生产专项集成评价指数提升 20 个百分点以下的有甘肃、西藏 2 个省份，分别提升 13.74 个、18.02 个百分点，分别提升了 130.78%、116.91%。因此，从生产空间集约高效的视角来看，西部地区 12 个省份生产活动的集约性、高效性正在逐步大幅提升，虽然经济发展规模也在逐步壮大，但集成效应表现出生产活动实际给资源环境本底条件施加的压力正在逐步变小。

从生产专项集成评价指数曲线来看，西部地区 12 个省份生产集成评价指数曲线也基本按照两类集聚。第一类是整体指数曲线相对较高的地区，即生产活动的集约性和高效性整体水平相对较高，生产活动实际给资源环境本底条件施加压力相对较低的省份，具体包括陕西、重庆、四川、广西、云南 5 个省份，与综合集成评价指数一致，主要集中在西南季风气候区；第二类是整体指数曲线相对较低的省份，即生产活动的集约性和高效性整体水平相对较低，生产活动实际给资源环境本底条件施加压力相对较高的省份，具体包括内蒙古、贵州、西藏、甘肃、青海、宁夏、新疆，主要集中在西北干旱半干旱区和青藏高原区。因此，西南季风气候区生产活动的集约性、高效性整体状况明显优于西北干旱半干旱区和青藏高原区。

（2）专项集成效应下生活压力的警情分析。

由图 5-3 可知，2008~2019 年西部地区 12 个省份生活活动对资源环境本底条件施加压力专项集成监测预警评价指数呈现明显上升趋势。这也是一个反向评价指数，评价指数越大意味着生活活动对资源环境侵占的适度性越高及资源环境条件对生活宜居性越高，则生活活动实际给资源环境本底条件施加压力越小。因此，生活专项集成评价指数上升意味着生活活动施加压力的改善。

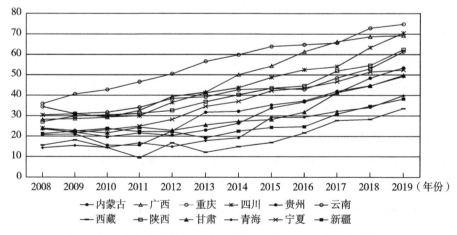

图 5-3 西部各省份生活活动对资源环境施加压力专项集成监测预警评价指数变化趋势

从生活专项集成评价指数上升趋势来看，生活专项集成评价指数提升30个百分点以上的有广西、重庆、四川、贵州、云南、陕西、宁夏7个省份，分别提升40.56个、34.08个、39.47个、31.45个、30.32个、32.51个、30.64个百分点，分别提升了143.77%、94.88%、129.76%、133.36%、88.03%、119.74%、127.69%；生活专项集成评价指数提升30个百分点以下20个百分点以上的有内蒙古、甘肃、青海3个省份，分别提升28.15个、26.86个、24.41个百分点，分别提升了135.46%、111.70%、170.71%；生活专项集成评价指数提升20个百分点以下的有西藏、新疆2个省份，分别提升15.42个、15.66个百分点，分别提升了98.85%、73.41%。因此，从生活空间适度宜居的视角来看，西部地区12个省份生活适度性与宜居性整体水平正在逐步大幅提升，虽然人口规模也在逐步壮大，但集成效应表现出生活活动实际给资源环境本底条件施加的压力正在逐步变小。

从生活专项集成评价指数曲线来看，西部地区12个省份生活集成评价指数曲线相对较高的地区，即生活适度性、宜居性相对较高，生活活动实际给资源环境本底条件施加压力相对较低的省份，具体包括广西、重庆、四川、云南、陕西5个省份，与综合集成评价指数一致，主要集中在西南季风气候区；其他省份指数曲线整体相对较低，即生活适度性、宜居性相对较低，生活活动实际给资源环境本底条件施加压力相对较高，具体包括内蒙古、贵州、西藏、甘肃、青海、宁夏、新疆7个省份，主要集中在西北干旱半干旱区和青藏高原区。因此，西南季风气候区生活适度性、宜居性整体状况明显优于西北干旱半干旱区和青藏高原区。

（3）专项集成效应下资源环境支撑力的警情分析。

由图5-4可知，2008~2019年西部地区12个省份资源环境支撑力专项集成监测预警评价指数曲线波动性较大，且增长趋势不明显。这是一个正向评价指数，评价指数越大意味着资源环境本底条件对生产生活支撑能力越强，进而资源环境承载力越大。因此，资源环境支撑力专项集成监测预警评价指数增长趋势不明显意味着资源环境支撑力整体改善不明显。

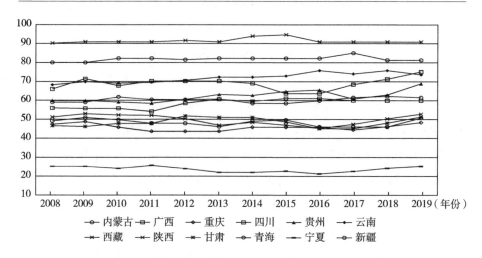

图5-4 西部各省份资源环境支撑力专项集成监测预警评价指数变化趋势

从资源环境支撑力专项集成评价指数上升趋势来看，2008~2019年西部12个省份支撑力专项集成评价指数提升的幅度都很小且都在10个百分点以下，其中提升5个百分点以上的有四川、贵州、云南3个省份，分别提升9.12个、8.99个、5.44个百分点，分别提升了13.80%、15.03%、7.96%；支撑力专项集成评价指数提升5个百分点以下的有内蒙古、广西、重庆、西藏、陕西、甘肃、青海、宁夏、新疆9个省份，分别提升1.56个、4.06个、0.95个、0.72个、1.65个、4.63个、1.23个、0.16个、2.59个百分点，分别提升了3.17%、7.26%、2.01%、0.80%、3.22%、9.94%、1.54%、0.62%、4.39%。因此，从生态空间山清水秀的视角来看，虽然西部12个省份人口规模和经济规模都在发展壮大，但资源环境本底条件没有被进一步扰动损害且整体状况有一定的改善，对应的支撑能力也有所提升，但是提升幅度较小。这意味着，西部地区12个省份生态系统保护修复力度不够，特别是对已损害生态系统整体的修复成效还不够明显。

从支撑力专项集成评价指数曲线上看，西部地区12个省份支撑力逐项集成评价指数曲线也基本按照两类集聚。第一类是整体指数曲线相对较高的地区，即资源环境本底条件支撑力相对较高的省份，具体包括西藏、青海、云南、四川、贵州、广西、新疆 7 个省份,与综合集成评价指数不同,主要集中在青藏高原区和西南季风气候区,只有新疆属于西北干旱半干旱区;第二类是整体指数曲线相对较低的地区,即资源环境本底条件支撑力相对较低的省份,具体包括内蒙古、重庆、陕西、甘肃、宁夏 5 个省份,主要集中在西北干旱半干旱区。因此,西南季风气候区和青藏高原区资源环境本底条件的整体状况明显优于西北干旱半干旱区。

5.4.2 "三生空间"视角下西部地区资源环境承载状态的警情分析

前文重点从监测预警评价指数曲线增长趋势的角度对西部地区资源环境承载力整体发展状况进行了时空动态分析,对可能存在的警情进行了初步研判分析。为了更加深入地探讨西部地区资源环境承载力承载状况,更加准确地把握西部地区资源环境承载力可能存在的警情状况,下文重点从承载状态、警情研判等方面对西部地区资源环境承载力进行全面预警研判分析。对照表 5-2、表 5-3 给出的西部地区资源环境承载力监测预警指标和监测预警指数的阈值,可判断出西部地区资源环境承载力的承载状态以及承载状态对应的具体警情状况。

5.4.2.1 综合承载状态的警情分析

对照表 5-3 监测预警指数阈值,可研判出西部地区资源环境承载力的综合承载状态。2008 年党的十七大召开时,西部地区 12 个省份资源环境承载力综合承载状态整体处于超载状态,其中分别给广西、重庆、四川、云南、陕西 5 个省份发布了超载橙色警情预报,分别给内蒙古、贵州、西藏、甘肃、青海、宁夏、新疆 7 个省份发布了超载红色警情预报。2012 年党的十八大召开时,西部地区部分省份的资源环境承载力综合承载状态得到改善,其中,重庆市承载状态由超载橙色警情预报转变为临界超载蓝色警情预报,广西、四川、云南、陕西 4 个省份综合承载状态由超载橙色警情预报转变为临界超载黄色警情预报,其他省份综合承载状态警情预报没有改变。2017 年党的十九大召开时,西部地区 12 个省份资源环境承载力综合承载状态整体得到明显改善,其中重庆综合承载状态由临界超载蓝色警情预报转变为可承载绿色警情预报，广西、四川、云南、陕西4个省份综合承载状态由临界超载黄色警情预报转变为可承载绿色警情预报，内蒙古、贵州、青海3个省份综合承载状态由超载红色警情预报转变为临界超载黄色警情预报，西藏、甘肃、宁夏、新疆4个省份综合承载状态则从超载红色警情预报转变为超载橙色警情预报。截至2019年，西部地区部分省份资源环境承载力综合承载状态又得到进一步改善，其中贵州省综合承载状态由临界超载黄色警情预报转变为临界超载蓝色警情预报，甘肃、新疆2个省份综合承载状态则从超载橙色警情预报转变为临界超载黄色警情预报。

因此，2008~2019年西部地区12个省份资源环境承载力综合承载状态整体呈现逐步改善状态的研判结果与上一节资源环境承载力整体呈现逐步提升趋势的研判结果是一致的，证实了两种评价理念评价结果是一致的研究假说。资源环境承载力提升可以准确呈现资源环境承载力动态演变趋势，而承载状态研判不但可以呈现资源环境承载力动态演变趋势，而且可以呈现资源环境承载力在动态变化过程中是否存在超载问题。主要原因在于在资源环境承载力动态提升过程中，人类生产生活对资源环境承载力需求标准（需求目标）也在发生变化，当资源环境承载力提升幅度小于人类生产生活对资源环境承载力需求标准变化时，虽然资源环境承载力提升，但同样会出现超载问题。由于本书设定的阈值目标（需求标准）较高，主要围绕国家关于生产空间集约高效、生活空间适度宜居、生态空间山清水秀发展2025年规划目标设定的，故西部地区12个省份资源环境承载力承载状态出现了大面积超载问题。故对照国家"三生空间"融合协同发展目标，截至2019年，西部地区部分省份资源环境承载力综合承载状态仍然存在临界超载、超载问题，如内蒙古、贵州、甘肃、青海、新疆5个省份仍然存在临界超载问题，西藏、宁夏2个省份仍然存在超载问题。

5.4.2.2 专项承载状态的警情分析

对照表5-3监测预警指数阈值可得出西部地区资源环境承载力各要素专项承载状态，再对照表5-2监测预警指标阈值可进一步梳理出承载状态对应的警源所在。

（1）生产专项承载状态的警情分析。

通过对照表5-3监测预警指数阈值，可研判出西部地区12个省份生产压力专项监测预警承载状态。2008年党的十七大召开时，西部地区12个省份生产压力专项监测预警承载状态整体处于超载状态，其中给陕西发布了临界超载黄色警情预报，分别给广西、重庆、四川、云南4个省份发布了超载橙色警情预报，分别给内蒙古、贵州、西藏、甘肃、青海、宁夏、新疆7个省份发布了超载红色警情预报。2012年党的十八大召开时，西部地区大部分省份生产压力专项监测预警的承载状态得到改善，其中，陕西承载状态由临界超载黄色警情预报转变为可承载绿色警情预报，重庆承载状态由超载橙色警情预报转变为临界超载蓝色警情预报，广西、四川2个省份承载状态由超载橙色警情预报转变为临界超载黄色警情预报，云南承载状态由超载红色警情预报转变为临界超载黄色警情预报，内蒙古、贵州、甘肃、宁夏4个省份承载状态由超载红色警情预报转变为超载橙色警情预报，其他省份承载状态警情预报没有发生改变。2017年党的十九大召开时，西部地区12个省份生产压力专项监测预警承载状态整体得到明显改善，其中陕西承载状态保持可承载绿色警情预报，重庆承载状态由临界超载蓝色警情预报转变为可承载绿色警情预报，广西、四川、云南3个省份承载状态由临界超载黄色警情预报转变为可承载绿色警情预报，贵州由超载橙色警情预报转变为临界超载蓝色警情预报，内蒙古、甘肃、宁夏3个省份承载状态由超载橙色警情预报转变为临界超载黄色警情预报，青海由超载红色警情预报转变为临界超载黄色警情预报，新疆由超载红色警情预报转变为超载橙色警情预报，西藏承载状态警情预报没有改变。截至2019年，西部地区部分省份生产压力专项监测预警承载状态又得到进一步改善，其中广西、重庆、四川、云南、陕西5个省份承载状态保持可承载绿色警情预报，贵州省保持临界超载蓝色警情预报，内蒙古、宁夏2个省份承载状态由临界超载黄色警情预报转变为临界超载蓝色警情预报，甘肃、青海2个省份保持临界超载黄色警情预报，新疆由超载橙色警情预报转变为临界超载黄色警情预报，西藏承载状态由超载红色警情预报转变为超载橙色警情预报。

因此，2008~2019年西部地区12个省份生产压力专项监测预警承载状态呈现逐步改善的研判结果与上一节生产专项集成评价指数动态分析的研判结果是一致的。虽然西部地区12个省份生产压力专项监测预警承载状态呈现逐步改善趋势，但是对照国家"三生空间"融合协同发展目标，截至2019年，仍然存在临界超载、超载问题，如内蒙古、贵州、甘肃、青海、宁夏、新疆6个省份仍然存在临界超载问题，西藏仍然存在超载问题。对照表5-2监测预警指标阈值，各省份出现超载问题的警源如表5-5所示。

表5-5　西部地区相关省份生产压力专项监测预警临界超载或超载的警源分析

警源 地区	承载状态	警源分析
内蒙古	临界超载	耕地保护率偏低、单位耕地固定资产投入偏低
		工业企业集聚程度低、工业吸纳就业能力弱、工业产业结构层次低
		服务业企业集聚程度低、服务业吸纳就业能力弱
		单位耕地产值低、农业单位水耗产值低、单位农业产值污染物排放量偏高
		工业单位能耗产值偏低、工业单位产值主要污染物排放量偏高
贵州	临界超载	服务业用地占比偏高、服务业产业结构层次低、服务业吸纳就业能力弱
		单位工业用地产值偏低、工业全员劳动生产率偏低
		服务业生产效率偏低（单位服务业能耗产值偏低）
西藏	超载	单位耕地固定资产投入偏低、农业生产机械化水平低、农业节水灌溉比例偏低
		服务业用地占比偏高、服务业企业集聚程度低、服务业产业结构层次低、服务业吸纳就业能力弱
		单位耕地产值低、农业单位水耗产值低、农业全员劳动生产率低
		单位工业用地产值偏低、工业单位能耗产值偏低、工业全员劳动生产率偏低
		单位服务业用地产值偏低、单位服务业能耗产值偏低、单位服务业水耗产值偏低、服务业全员劳动生产率偏低
甘肃	临界超载	工业企业集聚程度低、单位工业用地固定资产投入偏低、工业吸纳就业能力弱
		服务业用地占比偏高、服务业企业集聚程度低、服务业产业结构层次低、服务业用地固定资产投入偏低

续表

警源地区	承载状态	警源分析
甘肃	临界超载	单位耕地产值低、农业全员劳动生产率低
		单位工业用地产值偏低、工业单位能耗产值偏低、工业单位产值主要污染物排放量偏高、工业全员劳动生产率偏低
		单位服务业用地产值偏低、服务业全员劳动生产率偏低
青海	临界超载	单位耕地固定资产投入偏低、农业生产机械化水平低、工业产业结构层次低
		服务业用地占比偏高、服务业产业结构层次低、服务业用地固定资产投入偏低
		单位耕地产值低、农业单位水耗产值低、农业全员劳动生产率低
		工业单位能耗产值偏低、工业单位产值主要污染物排放量偏高、工业全员劳动生产率偏低
		单位服务业用地产值偏低、单位服务业能耗产值偏低、服务业全员劳动生产率偏低
宁夏	临界超载	工业企业集聚程度低、工业吸纳就业能力弱、工业产业结构层次低
		服务业产业结构层次低、服务业用地固定资产投入偏低、服务业吸纳就业能力弱
		单位耕地产值低、农业单位水耗产值低、单位农业产值污染物排放量高
		单位工业用地产值偏低、工业单位能耗产值偏低、工业单位产值主要污染物排放量偏高
新疆	临界超载	耕地保护率低、单位耕地固定资产投入偏低
		工业企业集聚程度低、单位工业用地固定资产投入偏低、工业吸纳就业能力弱、工业产业结构层次低
		服务业用地占比偏高、服务业企业集聚程度低、单位服务业用地固定资产投入偏低、服务业吸纳就业能力弱
		农业单位水耗产值偏低、农业单位能耗产值偏低
		单位工业用地产值偏低、工业单位能耗产值偏低、工业单位产值主要污染物排放量偏高
		单位服务业用地产值偏低、单位服务业能耗产值偏低

由表 5-5 可知,西部地区 7 个省份生产压力专项监测预警出现临界超载或超载状态,其警源既有共性问题,也有差异性问题。如内蒙古的警源

主要来自耕地保护率偏低、工业企业集聚程度低、服务业企业集聚程度低等因素降低了生产集约性和单位耕地产值低、工业单位能耗产值偏低等因素降低了生产高效性；贵州的警源主要来自服务业用地占比偏高、服务业产业结构层次低、服务业吸纳就业能力弱等因素降低了生产集约性和单位工业用地产值偏低、工业全员劳动生产率偏低、单位服务业能耗产值偏低等因素降低了生产高效性；西藏的警源主要来自单位耕地固定资产投入偏低、服务业用地占比偏高等因素降低了生产集约性和单位耕地产值低、工业单位能耗产值偏低、服务业全员劳动生产率偏低等因素降低了生产高效性；甘肃的警源主要来自工业企业集聚程度低、服务业用地占比偏高等因素降低了生产集约性和单位耕地产值低、单位工业用地产值偏低、单位服务业用地产值偏低等因素降低了生产高效性；青海的警源主要来自单位耕地固定资产投入偏低、工业产业结构层次低、服务业用地占比偏高、服务业产业结构层次低、服务业用地固定资产投入偏低等因素降低了生产集约性和单位耕地产值低、单位工业能耗产值偏低、单位服务业用地产值偏低等因素降低了生产高效性；宁夏的警源主要来自工业企业集聚程度低、服务业产业结构层次低等因素降低了生产集约性和单位农业水耗产值低、单位工业用地产值偏低等因素降低了生产高效性；新疆的警源主要来自耕地保护率低、工业企业集聚程度低、服务业用地占比偏高等因素降低了生产集约性和农业单位水耗产值偏低、单位工业用地产值偏低、单位服务业用地产值偏低等因素降低了生产高效性。

（2）生活专项承载状态的警情分析。

通过对照表5-3监测预警指数阈值，可研判出西部地区12个省份生活压力专项监测预警承载状态。2008年党的十七大召开时，西部地区12个省份生活压力专项监测预警承载状态整体处于超载状态，其中给重庆发布了临界超载黄色警情预报，分别给广西、四川、云南、陕西4个省份发布了超载橙色警情预报，分别给内蒙古、贵州、西藏、甘肃、青海、宁夏、新疆7个省份发布了超载红色警情预报。2012年党的十八大召开时，西部地区大部分省份生活压力专项监测预警的承载状态得到改善，其中，重庆承载状态由临界超载黄色警情预报转变为临界超载蓝色警情预报，广西、四川、云南 3 个省份承载状态由超载橙色警情预报转变为临界超载黄色警情预报，陕西承载状态保持超载橙色警情预报，宁夏承载状态由超载红色警情预报转变为超载橙色警情预报，其他省份承载状态警情预报没有发生改变。2017 年党的十九大召开时，西部地区 12 个省份生活压力专项监测预警承载状态整体得到明显改善，其中重庆承载状态由临界超载蓝色警情预报转变为可承载绿色警情预报，广西承载状态由临界超载黄色警情预报转变为可承载绿色警情预报，四川、云南 2 个省份承载状态由临界超载黄色警情预报转变为临界超载蓝色警情预报，陕西、宁夏 2 个省份承载状态由超载橙色警情预报转变为临界超载蓝色警情预报，内蒙古、甘肃 2 个省份承载状态由超载红色警情预报转变为临界超载黄色警情预报，西藏、青海、新疆 3 个省份由超载红色警情预报转变为超载橙色警情预报。截至 2019 年时，西部地区大部分省份生活压力专项监测预警承载状态又得到进一步改善，其中广西、重庆 2 个省份承载状态保持可承载绿色警情预报，四川、云南、陕西 3 个省份承载状态由临界超载蓝色警情预报转变为可承载绿色警情预报，内蒙古、贵州、甘肃 3 个省份承载状态由临界超载黄色警情预报转变为临界超载蓝色警情预报，宁夏承载状态保持临界超载蓝色警情预报没有改变，青海、新疆 2 个省份承载状态由超载橙色警情预报转变为临界超载黄色警情预报，西藏承载状态保持超载橙色警情预报没有改变。

因此，2008~2019 年西部地区 12 个省份生活压力专项监测预警承载状态呈现逐步改善的研判结果与上一节生活专项集成评价指数动态分析的研判结果是一致的。虽然西部地区 12 个省份生活压力专项监测预警承载状态呈现逐步改善趋势，但是对照国家"三生空间"融合协同发展目标，截至 2019 年，仍然存在临界超载、超载问题，如内蒙古、贵州、甘肃、青海、宁夏、新疆 6 个省份仍然存在临界超载问题，西藏仍然存在超载问题。对照表 5-2 监测预警指标阈值，各省份出现超载问题的警源如表 5-6 所示。

表 5-6　西部地区相关省份生活压力专项监测预警临界超载或超载的警源分析

警源 地区	承载状态	警源分析
内蒙古	临界超载	城市人均生活用地面积偏高、城市人均生活能耗偏高、人均生活污染物排放偏高
		乡村人均生活用地面积偏高、乡村人均生活能耗偏高、乡村人均生活用水量偏高
		每十万人口高等学校平均在校生数偏低
		乡村居民燃气普及率偏低、对生活垃圾进行无害化处理的乡村占比偏低、乡村居民无害化厕所普及率偏低
贵州	临界超载	乡村人均生活能耗偏高、乡村人均生活用水量偏高
		乡村居民人均可支配收入偏低、乡村每万人拥有执业（助理）医师数偏低、乡村居民燃气普及率偏低
西藏	超载	城市人均生活用地面积偏高、城市人均生活能耗偏高、城市人均生活用水量偏高、城市人均生活污染物排放偏高
		乡村人均生活能耗偏高、乡村人均生活用水量偏高
		每十万人口高等学校平均在校生数偏低、城市居民用水普及率偏低、城市居民燃气普及率偏低、城市居民污水处理率偏低
		乡村居民燃气普及率偏低、对生活污水进行处理的乡村占比偏低、对生活垃圾进行无害化处理的乡村占比偏低、乡村居民无害化厕所普及率偏低
甘肃	临界超载	重点城市空气质量优良天数比例偏低、城市建成区绿化覆盖率偏低
		乡村居民燃气普及率偏低、对生活垃圾进行无害化处理的乡村占比偏低、乡村居民无害化厕所普及率偏低
青海	临界超载	城市人均生活能耗偏高、人均生活污染物排放偏高
		乡村人均生活能耗偏高
		每十万人口高等学校平均在校生数偏低、城市建成区绿化覆盖率偏低
		乡村居民燃气普及率偏低、对生活垃圾进行无害化处理的乡村占比偏低、乡村居民无害化厕所普及率偏低
宁夏	临界超载	人均生活用地面积偏高、人均生活污染物排放偏高
		乡村人均生活用地面积偏高
		重点城市空气质量优良天数比例偏低
		乡村居民燃气普及率偏低

警源 地区	承载状态	警源分析
新疆	临界超载	人均生活用地面积偏高、城市人均生活能耗偏高、人均生活污染物排放偏高
		乡村人均生活用地面积偏高、乡村人均生活能耗偏高
		每十万人口高等学校平均在校生数偏低、重点城市空气质量优良天数比例偏低
		乡村义务教育本科以上专任教师比例偏低、乡村居民燃气普及率偏低、乡村居民无害化厕所普及率偏低

由表 5-6 可知，西部地区 7 个省份的生活压力专项监测预警出现临界超载或超载状态，其警源既有共性问题，也有差异性问题。如内蒙古的警源主要来自城市人均生活用地面积偏高、城市人均生活能耗偏高、乡村人均生活用地面积偏高等因素降低了生活适度性和乡村居民燃气普及率偏低、乡村居民无害化厕所普及率偏低等因素降低了生活宜居性；贵州的警源主要来自乡村人均生活能耗偏高、乡村人均生活用水量偏高等因素降低了生活适度性和乡村居民人均可支配收入偏低、乡村居民燃气普及率偏低等因素降低了生活宜居性；西藏的警源主要来自城市人均生活用地面积偏高、乡村人均生活能耗偏高等因素降低了生活适度性和城市居民用水普及率偏低、城市居民燃气普及率偏低、对生活污水进行处理的乡村占比偏低、乡村居民无害化厕所普及率偏低等因素降低了生活宜居性；甘肃的警源主要来自重点城市空气质量优良天数比例偏低、城市建成区绿化覆盖率偏低、乡村居民燃气普及率偏低、乡村居民无害化厕所普及率偏低等因素降低了生活宜居性；青海的警源主要来自城市人均生活能耗偏高、城市人均生活污染物排放偏高、乡村人均生活能耗偏高等因素降低了生活适度性和城市建成区绿化覆盖率偏低、乡村居民燃气普及率偏低、乡村居民无害化厕所普及率偏低等因素降低了生活宜居性；宁夏的警源主要来自城市人均生活用地面积偏高、城市人均生活污染物排放偏高、乡村人均生活用地面积偏高等因素降低了生活适度性和重点城市空气质量优良天数比例偏低、乡村居民燃气普及率偏低等因素降低了生活宜居性；新疆的警源主要来自城市

人均生活用地面积偏高、城市人均生活能耗偏高、乡村人均生活用地面积偏高等因素降低了生活适度性和重点城市空气质量优良天数比例偏低、城市生活垃圾无害化处理率偏低、乡村居民燃气普及率偏低、乡村居民无害化厕所普及率偏低等因素降低了生活宜居性。

（3）资源环境支撑力专项承载状态的警情分析。

通过对照表5-3监测预警指数阈值，可研判出西部地区12个省份资源环境支撑力专项监测预警承载状态。2008年党的十七大召开时，西部地区大部分省份资源环境支撑力专项监测预警承载状态处于临界超载或超载状态，其中给重庆、宁夏2个省份发布了超载红色警情预报，分别给内蒙古、广西、贵州、陕西、甘肃5个省份发布了超载橙色警情预报，分别给四川、新疆2个省份发布了超载黄色警情预报，给云南发布了临界超载蓝色警情预报，给西藏、青海2个省份发布了可承载绿色警情预报。2012年党的十八大召开时，西部地区12个省份资源环境支撑力专项监测预警的承载状态没有改变。2017年党的十九大召开时，西部地区少部分省份资源环境支撑力专项监测预警承载状态整体得到明显改善，其中重庆承载状态由超载红色警情预报转变为超载橙色警情预报，广西、贵州2个省份承载状态由超载橙色警情预报转变为临界超载黄色警情预报，甘肃承载状态有所恶化且从超载橙色警情预报转变为超载红色警情预报，其他省份承载状态没有改变。截至2019年时，西部地区少部分省份资源环境支撑力专项监测预警承载状态又得到进一步改善，如四川承载状态从临界超载黄色警情预报转变为临界超载蓝色警情预报，甘肃承载状态从超载红色警情预报转变为超载橙色警情预报，其他省份承载状态没有改变。

因此，2008~2019年西部地区12个省份资源环境支撑力专项监测预警承载状态改善状况不明显的研判结果与上一节生活专项集成评价指数动态分析的研判结果基本是一致的。虽然西部少部分省份资源环境支撑力专项监测预警承载状态有一定的改善，但是对照国家"三生空间"融合协同发展目标，截至2019年，仍然有大部分省份存在临界超载、超载问题，如广西、四川、贵州、云南、新疆5个省份仍然存在临界超载问题，内蒙古、重庆、陕西、甘肃、宁夏5个省份仍然存在超载问题。对照表5-2监测预警指标阈值，各省份出现超载问题的警源如表5-7所示。

表5-7 西部地区相关省份资源环境支撑力专项监测预警临界超载或超载的警源分析

警源 / 地区	承载状态	警源分析
内蒙古	超载	耕地资源开发广度偏高、水资源开发强度偏高、江河湖泊Ⅳ类以上污染水体比例偏高、水土流失面积比重偏高
广西	临界超载	土地资源开发强度偏高、耕地资源开发广度偏高、自然保护区面积比重偏低、生态环境保护财政投入比例偏低
重庆	超载	土地资源开发强度偏高、耕地资源开发广度偏高、矿产资源开发生态破坏程度偏高
四川	临界超载	土地资源开发强度偏高、耕地资源开发广度偏高、江河湖泊Ⅳ类以上污染水体比例偏高
贵州	临界超载	土地资源开发强度偏高、自然保护区面积比重偏低
云南	临界超载	江河湖泊Ⅳ类以上污染水体比例偏高、自然保护区面积比重偏低
陕西	超载	土地资源开发强度偏高、自然保护区面积比重偏低
甘肃	超载	水资源开发强度偏高、生态用地比例偏低、水土流失面积比重偏高
宁夏	超载	土地资源开发强度偏高、人均水资源量偏少、水资源开发强度偏高、矿产资源可利用量偏少、矿产资源开发生态破坏程度偏高、江河湖泊Ⅳ类以上污染水体比例偏高、生态用地比例偏低、自然保护区面积比重偏低
新疆	临界超载	水资源开发强度偏高、生态用地比例偏低、水土流失面积比重偏高、生态环境保护财政投入比例偏低

由表5-7可知，西部地区10个省份的资源环境支撑力专项监测预警出现临界超载或超载状态，其警源既有共性问题，也有差异性问题。如内蒙古的警源主要来自耕地资源开发广度偏高降低了土地资源支撑力，水资源开发强度偏高降低了水资源支撑力，江河湖泊Ⅳ类以上污染水体比例偏高降低了水环境支撑力，水土流失面积比重偏高降低了生态环境支撑力；广西的警源主要来自土地资源开发强度偏高、耕地资源开发广度偏高降低了土地资源支撑

力，自然保护区面积比重偏低、生态环境保护财政投入比例偏低降低了生态环境支撑力；重庆的警源主要来自土地资源开发强度偏高、耕地资源开发广度偏高降低了土地资源支撑力，矿产资源开发生态破坏程度偏高降低了矿产资源支撑力；四川的警源主要来自土地资源开发强度偏高、耕地资源开发广度偏高降低了土地资源支撑力，江河湖泊Ⅳ类以上污染水体比例偏高降低了水环境支撑力；贵州的警源主要来自土地资源开发强度偏高降低了土地资源支撑力，自然保护区面积比重偏低降低了生态环境支撑力；云南的警源主要来自江河湖泊Ⅳ类以上污染水体比例偏高降低了水土环境支撑力，自然保护区面积比重偏低降低了生态环境支撑力；陕西的警源主要来自土地资源开发强度偏高降低了土地资源支撑力，自然保护区面积比重偏低降低了生态环境支撑力；甘肃的警源主要来自水资源开发强度偏高降低了水资源支撑力，生态用地比例偏低、水土流失面积比重偏高降低了生态环境支撑力；宁夏的警源主要来自土地资源开发强度偏高降低了土地资源支撑力，人均水资源量偏少、水资源开发强度偏高降低了水资源支撑力，矿产资源可利用量偏少、矿产资源开发生态破坏程度偏高降低了矿产资源支撑力，江河湖泊Ⅳ类以上污染水体比例偏高降低了水环境支撑力，生态用地比例偏低、自然保护区面积比重偏低降低了生态环境支撑力；新疆的警源主要来自水资源开发强度偏高降低了水资源支撑力，生态用地比例偏低、水土流失面积比重偏高、生态环境保护财政投入比例偏低降低了生态环境支撑力。

5.5 "三生空间"视角下西部地区资源环境承载力警情走势监测分析

5.5.1 "三生空间"视角下西部地区资源环境承载力警情走势预测

根据上节的西部地区12个省份相关警情预报，下面通过第3章构建的灰色系统 Verhulst 模型对综合承载状态警情发展走势进行预测。

5.5.1.1 预测模型的估计与检验

根据灰色 Verhulst 模型式（4-16）和式（4-17），结合上一节测算的综合评价预警指数，通过灰色系统软件可估计出西部地区 12 个省份综合评价预警指数的预测函数及相关检验值，具体如表 5-8 所示。

表 5-8　西部地区省份资源环境承载力警情走势预测函数估计与检验统计情况

模型 / 地区	Verhulst 模型响应函数	预测模型检验值			
		δ	γ	λ	Theil
内蒙古	$y^{(1)}(t+1) = 1/(0.015769+0.025846e^{-0.20197t})$	0.0243	0.0361	0.9396	0.0299
广西	$y^{(1)}(t+1) = 1/(0.012151+0.010427e^{-0.177725t})$	0.2956	0.5777	0.1267	0.0152
重庆	$y^{(1)}(t+1) = 1/(0.01186+0.01665e^{-0.160729t})$	0.0926	0.3824	0.5250	0.0096
四川	$y^{(1)}(t+1) = 1/(0.008314+0.0168621e^{-0.097407t})$	0.0441	0.6536	0.3024	0.0135
贵州	$y^{(1)}(t+1) = 1/(0.010175+0.016925e^{-0.157956t})$	0.5582	0.3166	0.1250	0.0339
云南	$y^{(1)}(t+1) = 1/(0.008566+0.017938e^{-0.101919t})$	0.0121	0.3779	0.6100	0.0095
西藏	$y^{(1)}(t+1) = 1/(0.019761+0.009174e^{-0.214619t})$	0.5546	0.0128	0.4326	0.0262
陕西	$y^{(1)}(t+1) = 1/(0.012723+0.005572e^{-0.258393t})$	0.1186	0.1583	0.7231	0.0078
甘肃	$y^{(1)}(t+1) = 1/(0.019337+0.009056e^{-0.357542t})$	0.0002	0.0025	0.9974	0.0134
青海	$y^{(1)}(t+1) = 1/(0.01648+0.007072e^{-0.191609t})$	0.2105	0.0886	0.7009	0.0461
宁夏	$y^{(1)}(t+1) = 1/(0.010842+0.035974e^{-0.099863t})$	0.2476	0.2103	0.5421	0.0156
新疆	$y^{(1)}(t+1) = 1/(0.018976+0.010884e^{-0.306757t})$	0.0081	0.0319	0.9600	0.0123

由表 5-8 可知，西部地区 12 个省份综合评价预警指数的预测函数的 δ、γ、λ 系数值大部分呈现 δ 和 γ 的值较小，λ 的值较大，且 Theil 不等系数都小于 0.01，总体来看所有模型的预测精度较好，可用于实际预测。

5.5.1.2 警情走势预测

通过表 5-8 给出的 Verhulst 模型响应函数，可对西部地区 12 个省份资源环境承载力监测预警综合评价预警指数 2020~2025 年的走势进行预测，具体预测值如图 5-5 所示。

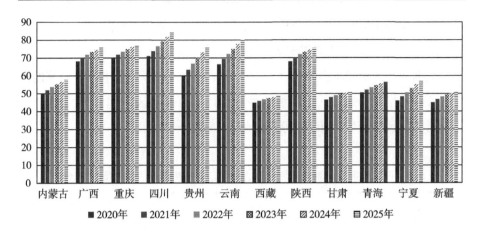

图 5-5　西部各省份资源环境承载力监测预警综合评价指数走势预测

由图 5-5 可知，2020~2025 年西部 12 个省份资源环境承载力监测预警综合评价指数呈现整体持续提升趋势，意味着伴随国家生态文明战略不断深入推进，西部 12 个省份资源环境承载力都将进一步持续提升。

表 5-9 在图 5-5 的基础上，进一步给出了 2020~2025 年西部 12 个省份资源环境承载力监测预警综合评价指数的提升幅度和提升比例。由表 5-9 可知，监测预警综合集成评价指数提升幅度 10 个百分点以上的有重庆、四川、贵州、云南、宁夏 5 个省份，分别提升 10.16 个、13.66 个、19.90 个、15.07 个、13.94 个百分点，分别提升了 15.15%、19.34%、35.45%、23.11%、32.10%；监测预警综合集成评价指数提升 10 个百分点的有内蒙古、广西、西藏、陕西、甘肃、青海、新疆 7 个省份，分别提升 9.53 个、9.97 个、5.76 个、9.92 个、6.42 个、7.46 个、8.44 个百分点，分别提升了 19.74%、15.14%、13.26%、15.16%、14.38%、15.25%、19.68%。可见，未来五年虽然西部 12 个省份资源环境承载力整体都有所提升，但西南季风气候区资源环境承载力提升幅度整体明显大于西北干旱半干旱区资源环境承载力提升幅度。

表 5-9   2019 年和 2025 年西部 12 个省份资源环境承载力

监测预警综合评价指数变化趋势

地区\指数变化	2019 年指数值	2025 年指数值	提升幅度	年均提升比例（%）
内蒙古	48.28	57.81	9.53	19.74
广西	65.87	75.84	9.97	15.14
重庆	67.08	77.24	10.16	15.15
四川	70.63	84.29	13.66	19.34
贵州	56.13	76.03	19.90	35.45
云南	65.22	80.29	15.07	23.11
西藏	43.45	49.21	5.76	13.26
陕西	65.45	75.37	9.92	15.16
甘肃	44.64	51.06	6.42	14.38
青海	48.91	56.37	7.46	15.25
宁夏	43.43	57.37	13.94	32.10
新疆	42.88	51.32	8.44	19.68

5.5.2　"三生空间"视角下西部地区资源环境承载力警情走势研判分析

根据 2020~2025 年上述综合评价指数的预测值，对照表 5-3 给出的西部地区资源环境承载力监测预警综合评价指数的阈值，可判断出西部 12 个省份资源环境承载力承载状态的警情变化。2020~2025 年，广西、重庆、四川、贵州、云南、陕西 6 个省份综合承载状态仍然保持可承载绿色警情预报；内蒙古、青海 2 个省份承载状态分别在 2020 年由临界超载黄色警情预报转变为临界超载蓝色警情预报，又分别在 2024 年由临界超载蓝色警情预报转变为可承载绿色警情预报；宁夏承载状态在 2022 年由临界超载黄色警情预报转变为临界超载蓝色警情预报，又在 2025 年由临界超载蓝色警情预报转变为可承载绿色警情预报；甘肃、新疆 2 个省份承载状态分别在 2023 年由临界超载黄色警情预报转变为临界超载蓝色警情预报；西藏承载状态在 2025 年由临界超载黄色警情预报转变为临界超载蓝色警情预报。因此，2020~2025 年西部 12 个省份资源环境承载力综合承载状态业将进一步改善。

第6章 "三生空间"视角下西部地区资源环境承载力监测预警集成效应分解

在第 5 章实证分析基础上,为厘清 2008~2019 年西部地区 12 个省份资源环境承载力提升的原因,本章重点对西部地区资源环境承载力集成效应进行分解与评价。

6.1 "三生空间"视角下西部地区资源环境承载力监测预警综合集成效应分解

在第 5 章测算的"三生空间"视角下西部地区资源环境承载力监测预警综合集成评价指数基础上,通过式(4-27)至式(4-29)可分解出 2008~2019 年西部地区 12 个省份资源环境承载力中三个作用力的贡献率,即生产活动施加压力改善、生活活动施加压力改善、资源环境支撑力改善对资源环境承载力改善的平均贡献率,具体如表 6-1 所示。

表 6-1 西部地区资源环境承载力监测预警综合评价指数集成效应分解

单位:%

贡献率 地区	综合集成 评价指数	生产专项集成 评价指数		生活专项集成 评价指数		资源环境支撑力专项 集成评价指数	
	增长率	增长率	贡献率	增长率	贡献率	增长率	贡献率
内蒙古	6.48	12.61	49.05	9.69	49.91	0.39	1.04
广西	6.32	8.89	42.60	8.70	55.18	0.68	2.22
重庆	6.11	10.19	52.06	6.97	47.09	0.24	0.85
四川	5.93	8.54	42.21	8.18	53.44	1.30	4.35
贵州	6.45	13.03	52.24	8.31	44.05	1.36	3.71
云南	5.24	11.34	58.76	5.64	38.70	0.72	2.54
西藏	3.36	9.04	37.74	11.22	62.02	0.09	0.24
陕西	6.14	8.85	45.05	7.96	53.65	0.38	1.30
甘肃	4.99	7.76	42.99	7.28	53.36	0.97	3.66
青海	5.25	12.65	46.71	10.82	52.89	0.16	0.40
宁夏	6.75	10.61	50.88	7.63	48.42	0.21	0.70
新疆	4.47	11.12	57.70	5.95	40.82	0.42	1.48

由表 6-1 可知,2008~2019 年,西部地区 12 个省份综合集成评价指数的年均增长率分别为:内蒙古 6.48%、广西 6.32%、重庆 6.11%、四川 5.93%、贵州 6.45%、云南 5.24%、西藏 3.36%、陕西 6.14%、甘肃 4.99%、青海 5.25%、宁夏 6.75%、新疆 4.47%。

2008~2019 年,西部地区 12 个省份生产专项集成评价指数的年均增长率分别为:内蒙古 12.61%、广西 8.89%、重庆 10.19%、四川 8.54%、贵州 13.03%、云南 11.34%、西藏 9.04%、陕西 8.85%、甘肃 7.76%、青海 12.65%、宁夏 10.61%、新疆 11.12%。生产施加压力改善对资源环境承载力改善的贡献率分别为:内蒙古 49.05%、广西 42.60%、重庆 52.06%、四川 42.21%、贵州 52.24%、云南 58.76%、西藏 37.74%、陕西 45.05%、甘肃 42.99%、青海 46.71%、宁夏 50.88%、新疆 57.70%。

2008~2019 年,西部地区 12 个省份生活压力专项集成评价指数的年均增长率分别为：内蒙古 9.69%、广西 8.70%、重庆 6.97%、四川 8.18%、贵州 8.31%、云南 5.64%、西藏 11.22%、陕西 7.96%、甘肃 7.28%、青海 10.82%、宁夏 7.63%、新疆 5.95%。生活施加压力改善对资源环境承载力改善的贡献率分别为：内蒙古 49.91%、广西 55.18%、重庆 47.09%、四川 53.44%、贵州 44.05%、云南 38.70%、西藏 62.02%、陕西 53.65%、甘肃 53.36%、青海 52.89%、宁夏 48.42%、新疆 40.82%。

2008~2019 年，西部地区 12 个省份资源环境支撑力专项集成评价指数的年均增长率分别为：内蒙古 0.39%、广西 0.68%、重庆 0.24%、四川 1.30%、贵州 1.36%、云南 0.72%、西藏 0.09%、陕西 0.38%、甘肃 0.97%、青海 0.16%、宁夏 0.21%、新疆 0.42%。资源环境支撑力改善对资源环境承载力改善的贡献率分别为：内蒙古 1.04%、广西 2.22%、重庆 0.85%、四川 4.35%、贵州 3.71%、云南 2.54%、西藏 0.24%、陕西 1.30%、甘肃 3.66%、青海 0.40%、宁夏 0.70%、新疆 1.48%。

因此，2008~2019 年，西部地区 12 个省份资源环境承载力逐步提升，主要是由生产生活活动对资源环境本底条件施加压力状况的整体改善带来的，即由于生产集约高效性和生活适度宜居性的整体水平提升，生产生活活动对山水林田湖草沙生态系统整体扰动损害程度降低所带来的。资源环境本底条件支撑力虽然有所提升，即资源环境本底条件保护与修复及其整体生态服务功能有所改善，但提升幅度较小，提升难度大，提升空间有限，对资源环境承载力提升的贡献有限。这意味着提升资源环境承载力，一方面，必须从压力层面入手，加强对生产生活方式的改善，降低生产生活活动对生态系统扰动损害程度；另一方面，从支撑力层面予以强化，现有生态系统改良保护与已损害生态系统修复并举，加强生态服务功能的改善与提升，由于现有生态系统改良和已损害生态系统修复都是难度比较大的工程，不但耗力而且耗时，一般短时间内很难见到显著成效，故单纯依靠提升支撑力来大幅提升资源环境承载力是不现实的，也是不可能的。

6.2 "三生空间"视角下西部地区资源环境承载力监测预警专项集成效应分解

6.2.1 生产施加压力专项集成效应分解评价

在第 5 章测算的"三生空间"视角下西部地区资源环境承载力监测预警专项集成评价指数基础上,通过式(4-27)至式(4-29)可分解出 2008~2019 年西部地区 12 个省份农业生产集约高效性改善、工业生产集约高效性改善、服务业生产集约高效性改善对生产活动施加压力改善的平均贡献率,具体如表 6-2 所示。

表 6-2 西部地区资源环境承载力监测预警生产专项评价指数集成效应分解

单位:%

贡献率 地区	生产专项集成 评价指数 增长率	生产集约性评价指数贡献率				生产高效性评价指数贡献率			
		农业	工业	服务业	合计	农业	工业	服务业	合计
内蒙古	6.48	4.80	13.32	7.92	26.04	7.79	17.54	48.63	73.96
广西	6.32	3.54	4.73	5.24	13.51	4.20	43.49	38.80	86.49
重庆	6.11	6.40	14.21	2.50	23.11	15.24	30.58	31.08	76.89
四川	5.93	5.90	3.60	9.51	19.02	9.47	15.12	56.39	80.98
贵州	6.45	6.72	11.35	4.61	22.68	9.54	35.52	32.26	77.32
云南	5.24	9.43	9.97	4.70	24.11	11.94	18.18	45.77	75.89
西藏	3.36	8.29	12.83	24.68	45.80	9.36	23.64	21.20	54.20
陕西	6.14	4.73	3.42	8.34	16.49	9.91	12.09	61.52	83.51
甘肃	4.99	5.41	4.19	7.91	17.51	7.18	28.70	46.62	82.49
青海	5.25	17.35	5.45	7.40	30.19	4.20	40.81	24.80	69.81
宁夏	6.75	4.75	9.90	7.12	21.77	6.34	40.24	31.66	78.23

贡献率　　地区	生产专项集成评价指数	生产集约性评价指数贡献率				生产高效性评价指数贡献率			
	增长率	农业	工业	服务业	合计	农业	工业	服务业	合计
新疆	4.47	8.99	23.37	11.23	43.59	4.53	6.43	45.45	56.41

由表6-2可知，2008~2019年，西部地区12个省份农业生产集约性改善对生产活动施加压力改善的平均贡献率分别为：内蒙古4.80%、广西3.54%、重庆6.40%、四川5.90%、贵州6.72%、云南9.43%、西藏8.29%、陕西4.73%、甘肃5.41%、青海17.35%、宁夏4.75%、新疆8.99%。西部地区12个省份工业生产集约性改善对生产活动施加压力改善的平均贡献率分别为：内蒙古13.32%、广西4.73%、重庆14.21%、四川3.60%、贵州11.35%、云南9.97%、西藏12.83%、陕西3.42%、甘肃4.19%、青海5.45%、宁夏9.90%、新疆23.37%。西部地区12个省份服务业生产集约性改善对生产活动施加压力改善的平均贡献率分别为：内蒙古7.92%、广西5.24%、重庆2.50%、四川9.51%、贵州4.61%、云南4.70%、西藏24.68%、陕西8.34%、甘肃7.91%、青海7.40%、宁夏7.12%、新疆11.23%。三次产业生产集约性改善对生产活动施加压力改善的合计平均贡献率分别为：内蒙古26.04%、广西13.51%、重庆23.11%、四川19.02%、贵州22.68%、云南24.11%、西藏45.80%、陕西16.49%、甘肃17.51%、青海30.19%、宁夏21.77%、新疆43.59%。

2008~2019年，西部地区12个省份农业生产高效性改善对生产活动施加压力改善的平均贡献率分别为：内蒙古7.79%、广西4.20%、重庆15.24%、四川9.47%、贵州9.54%、云南11.94%、西藏9.36%、陕西9.91%、甘肃7.18%、青海4.20%、宁夏6.34%、新疆4.53%。西部地区12个省份工业生产高效性改善对生产活动施加压力改善的平均贡献率分别为：内蒙古17.54%、广西43.49%、重庆30.58%、四川15.12%、贵州35.52%、云南18.18%、西藏23.64%、陕西12.09%、甘肃28.70%、青海

40.81%、宁夏40.24%、新疆6.43%。西部地区12个省份服务业生产高效
性改善对生产活动施加压力改善的平均贡献率分别为:内蒙古48.63%、广
西38.80%、重庆31.08%、四川56.39%、贵州32.26%、云南45.77%、西
藏21.20%、陕西61.52%、甘肃46.62%、青海24.80%、宁夏31.66%、新
疆45.45%。三次产业生产高效性改善对生产活动施加压力改善的合计平均
贡献率分别为:内蒙古73.96%、广西86.49%、重庆76.89%、四川
80.98%、贵州77.32%、云南75.89%、西藏54.20%、陕西83.51%、甘肃
82.49%、青海69.81%、宁夏78.23%、新疆56.41%。

因此,2008~2019年,西部地区12个省份生产活动施加压力改善主要
是由生产高效性改善带来的,除西藏、青海、新疆3个省份外,其他省份生
产高效性改善平均贡献率大约是生产集约性改善平均贡献率的3~5倍,西
藏、青海、新疆3个省份生产高效性改善平均贡献率与生产集约性改善平均
贡献率大致相同。由于生产集约性提升对科技水平、管理水平、产业结构
优化等要求较高,相对生产高效性提升的难度较大,特别是一般短时间内
很难大幅提升,故重点突出生产高效性提升,同时强化生产集约性改善,
是提升资源环境承载力的重要途径之一。另外,从三次产业生产集约性、
生产高效性改善平均贡献率对比来看,由于农业是基础性产业,农业生产
稳定性强于工业和服务业,农业生产集约性和高效性较工业、服务业的提
升难度大,导致农业生产集约性和高效性改善平均贡献率明显低于工业、
服务业,而工业、服务业生产集约性和高效性改善平均贡献率大致相同,
故重点突出工业、服务业生产集约性和高效性的提升,同时改善农业生产
的集约性和高效性,是提升资源环境承载力的重要突破口之一。

6.2.2 生活施加压力专项集成效应分解评价

在第5章测算的"三生空间"视角下西部地区资源环境承载力监测预
警专项集成评价指数基础上,通过式(4-27)至式(4-29)可分解出
2008~2019年西部地区12个省份城市生活适度宜居性改善、乡村生活适度
宜居性改善对生活活动施加压力改善的平均贡献率,具体如表6-3所示。

表 6-3　西部地区资源环境承载力监测预警生活专项评价指数集成效应分解

单位:%

贡献率 地区	生活专项集成 评价指数 增长率	生活适度性评价指数贡献率			生活宜居性评价指数贡献率		
		城市	乡村	合计	城市	乡村	合计
内蒙古	9.69	-0.02	-13.28	-13.29	57.66	55.64	113.29
广西	8.70	2.33	0.12	2.45	64.50	33.06	97.55
重庆	6.97	-3.91	-0.53	-4.45	55.90	48.55	104.45
四川	8.18	-1.45	-1.07	-2.52	64.89	37.63	102.52
贵州	8.31	1.62	-3.81	-2.19	57.25	44.94	102.19
云南	5.64	-0.73	-4.89	-5.62	36.47	69.15	105.62
西藏	11.22	-7.94	22.60	14.66	29.32	56.02	85.34
陕西	7.96	5.54	-3.58	1.96	32.55	65.50	98.04
甘肃	7.28	-1.52	-0.64	-2.16	25.88	76.28	102.16
青海	10.82	2.85	-1.72	1.13	70.47	28.40	98.87
宁夏	7.63	-1.36	-1.61	-2.97	45.40	57.57	102.97
新疆	5.95	-5.55	-14.43	-19.98	48.74	71.24	119.98

由表 6-3 可知,2008~2019 年,西部地区 12 个省份城市生活适度性改善对生活活动施加压力改善的平均贡献率分别为:内蒙古-0.02%、广西 2.33%、重庆-3.91%、四川-1.45%、贵州 1.62%、云南-0.73%、西藏-7.94%、陕西 5.54%、甘肃-1.52%、青海 2.85%、宁夏-1.36%、新疆-5.55%。西部地区 12 个省份乡村生活适度性改善对生活活动施加压力改善的平均贡献率分别为:内蒙古-13.28%、广西 0.12%、重庆-0.53%、四川-1.07%、贵州-3.81%、云南-4.89%、西藏 22.60%、陕西-3.58%、甘肃-0.64%、青海-1.72%、宁夏-1.61%、新疆-14.43%。西部地区 12 个省份城乡生活适度性改善对生活活动施加压力改善合计平均贡献率分别为:内蒙古-13.29%、广西 2.45%、重庆-4.45%、四川-2.52%、贵州-2.19%、云南-5.62%、西藏 14.66%、陕西 1.96%、甘肃-2.16%、青海 1.13%、宁夏-2.97%、新疆-19.98%。

2008～2019 年，西部地区 12 个省份城市生活宜居性改善对生活活动施加压力改善的平均贡献率分别为：内蒙古 57.66%、广西 64.50%、重庆 55.90%、四川 64.89%、贵州 57.25%、云南 36.47%、西藏 29.32%、陕西 32.55%、甘肃 25.88%、青海 70.47%、宁夏 45.40%、新疆 48.74%。西部地区 12 个省份乡村生活宜居性改善对生活活动施加压力改善的平均贡献率分别为：内蒙古 55.64%、广西 33.06%、重庆 48.55%、四川 37.63%、贵州 44.94%、云南 69.15%、西藏 56.02%、陕西 65.50%、甘肃 76.28%、青海 28.40%、宁夏 57.57%、新疆 71.24%。西部地区 12 个省份城乡生活宜居性改善对生活活动施加压力改善合计平均贡献率分别为：内蒙古 113.29%、广西 97.55%、重庆 104.45%、四川 102.52%、贵州 102.19%、云南 105.62%、西藏 85.34%、陕西 98.04%、甘肃 102.16%、青海 98.87%、宁夏 102.97%、新疆 119.98%。

因此，2008～2019 年，西部地区 12 个省份生活活动施加压力改善主要是由生活宜居性改善带来的，除广西、西藏、陕西、青海 4 个省份外，其他省份生活适度性改善的平均贡献率均小于零，且广西、西藏、陕西、青海 4 个省份生活适度性改善的平均贡献率也都相对较小，如其中 3 个省份生活适度性改善的平均贡献率不到 5%。这意味着，从生活适度性来看，西部大部分省份生活活动对资源环境本底条件施加压力不是在减少，而是在增加，其施加压力的增量由于生活宜居性评价指数大幅提升，在集成效应下被冲减，在生活专项集成评价指数中没有直接体现出来。同时，这也意味着西部地区 12 个省份资源环境承载力监测预警在城市、乡村生活适度性方面可能存在比较严重且大面积的警情，故倡导居民生活适度理念，引导居民形成合理的生活需求标准，改善生活方式，对提升西部地区资源环境承载力至关重要。另外，生活适度性与生活宜居性出现如此大的分异，主要原因是生活适度性的关键主体与生活宜居性的关键主体不同。生活适度性主要体现为居民生活对资源环境侵占得要适度，主要是由居民消费偏好、消费能力决定的，基本属于市场行为，故生活适度性与否关键主体是居民。而生活宜居性主要体现为政府对居民生活公共物品、半公共物品以及生活必需品供给保障，如城乡绿化、城乡环境治理、教育医疗卫生保障等，故生活宜居性与否关键主体是政府。

6.2.3 资源环境支撑力专项集成效应分解评价

在第 5 章测算的"三生空间"视角下西部地区资源环境承载力监测预警专项集成评价指数基础上，通过式（4−27）至式（4−29）可分解出 2008~2019 年西部地区 12 个省份土地资源支撑力改善、水资源支撑力改善、矿产资源支撑力改善、大气和水环境支撑力改善、生态环境支撑力改善对资源环境整体支撑力改善的平均贡献率，具体如表 6−4 所示。

表 6−4 西部地区资源环境承载力监测预警支撑力专项评价指数集成效应分解

单位：%

贡献率 地区	支撑力专项 集成评价 指数增长率	土地资源 支撑力评价 指数贡献率	水资源 支撑力评价 指数贡献率	矿产资源 支撑力评价 指数贡献率	大气、水环境 支撑力评价 指数贡献率	生态环境 支撑力评价 指数贡献率
内蒙古	0.39	−21.45	29.87	0.35	95.36	−4.13
广西	0.68	0.00	0.00	−41.01	147.84	−6.83
重庆	0.24	−101.85	8.15	−44.40	244.52	−6.41
四川	1.30	0.00	3.05	0.00	92.77	4.18
贵州	1.36	−24.34	6.01	0.00	106.18	12.14
云南	0.72	0.00	0.00	−5.66	94.98	10.68
西藏	0.09	0.00	0.00	56.36	0.00	43.64
陕西	0.38	−12.47	12.36	−4.35	103.94	0.53
甘肃	0.97	−5.25	58.20	−3.90	56.33	−5.38
青海	0.16	−124.02	0.00	103.15	141.44	−20.57
宁夏	0.21	−26.31	0.00	0.00	84.66	41.65
新疆	0.42	−14.10	0.00	0.00	185.57	−71.47

由表 6−4 可知，2008~2019 年，西部地区 12 个省份土地资源支撑力改善对资源环境整体支撑力改善的平均贡献率分别为：内蒙古−21.45%、广西

0.00%、重庆-101.85%、四川0.00%、贵州-24.34%、云南0.00%、西藏0.00%、陕西-12.47%、甘肃-5.25%、青海-124.02%、宁夏-26.31%、新疆-14.10%。西部地区12个省份水资源支撑力改善对资源环境整体支撑力改善的平均贡献率分别为:内蒙古29.87%、广西0.00%、重庆8.15%、四川3.05%、贵州6.01%、云南0.00%、西藏0.00%、陕西12.36%、甘肃58.20%、青海0.00%、宁夏0.00%、新疆0.00%。西部地区12个省份矿产资源支撑力改善对资源环境整体支撑力改善的平均贡献率分别为:内蒙古0.35%、广西-41.01%、重庆-44.40%、四川0.00%、贵州0.00%、云南-5.66%、西藏56.36%、陕西-4.35%、甘肃-3.90%、青海103.15%、宁夏0.00%、新疆0.00%。西部地区12个省份水和大气环境支撑力改善对资源环境整体支撑力改善的平均贡献率分别为:内蒙古95.36%、广西147.84%、重庆244.52%、四川92.77%、贵州106.18%、云南94.98%、西藏0.00%、陕西103.94%、甘肃56.33%、青海141.44%、宁夏84.66%、新疆185.57%。西部地区12个省份生态环境支撑力改善对资源环境整体支撑力改善的平均贡献率分别为:内蒙古-4.13%、广西-6.83%、重庆-6.41%、四川4.18%、贵州12.14%、云南10.68%、西藏43.64%、陕西0.53%、甘肃-5.38%、青海-20.57%、宁夏41.65%、新疆-71.47%。

因此,2008~2019年,西部地区12个省份资源环境整体支撑力改善在部分省份是由水资源支撑力、矿产资源支撑力、水和大气环境支撑力共同改善所带来的,其他支撑力改善的平均贡献率则小于零,如内蒙古;部分省份是由水资源支撑力、水和大气环境支撑力共同改善所带来的,其他支撑力改善的平均贡献率则小于零,如重庆、甘肃2个省份;部分省份是由水资源支撑力、水和大气环境支撑力、生态环境支撑力共同改善所带来的,其他支撑力改善的平均贡献率则小于或等于零,如四川、贵州、陕西3个省份;部分省份是由水和大气环境支撑力、生态环境支撑力共同改善所带来的,其他支撑力改善的平均贡献率则小于或等于零,如云南、宁夏2个省份;部分省份是由矿产资源支撑力、生态环境支撑力或矿产资源支撑力、水和大气环境支撑力共同改善所带来的,其他支撑力改善的平均贡献率则小于或等于零，如西藏、青海2个省份；部分省份是由水和大气环境支撑力的改善所带来的，其他支撑力指数则小于或等于零，如广西、新疆2个省份。

这意味着，虽然西部地区12个省份水资源支撑力、水和大气环境支撑力得到明显改善，且在集成效应下资源环境本底条件支撑力整体呈现小幅改善趋势，但是也存在部分资源环境单要素支撑力下降的问题，如内蒙古、重庆、贵州、陕西、甘肃、青海、宁夏、新疆8个省份都面临土地资源支撑力下降的问题，广西、重庆、云南、陕西、甘肃5个省份都面临矿产资源支撑力下降的问题，内蒙古、广西、重庆、甘肃、青海、新疆6个省份都面临生态环境支撑力下降的问题，可能诱发相关省份资源环境承载力的警情。故强化土地资源开发利用的科学管理，持续加强土地资源整治，优化土地资源配置，提高土地资源开发利用效率，进而提升土地资源支撑力是改善资源环境承载力最重要的着力点之一；同时提升矿产资源的开发利用效率，加大生态系统的保护与修复力度也是改善资源环境承载力的重要着力点。

第7章 "三生空间"视角下西部地区资源环境承载力监测预警系统耦合协同性测评

在第5章实证分析基础上，为进一步探讨2008~2019年西部地区12个省份资源环境承载力监测预警系统的耦合协同状态，及其构成要素对资源环境承载力承载状态的影响，本章重点对西部地区资源环境承载力监测预警系统耦合协同性进行测度评价。

7.1 "三生空间"视角下西部地区资源环境承载力监测预警系统耦合度测评

在第5章测算的"三生空间"视角下西部地区资源环境承载力监测预警综合集成评价指数基础上，通过式（4-29）可计算出2008~2019年重要时间节点西部地区12个省份资源环境承载力监测预警中三个作用力监测预警状态，即生产活动施加压力监测预警状态、生活活动施加压力监测预警状态、资源环境支撑力监测预警状态三者之间的耦合度，具体如图7-1所示。

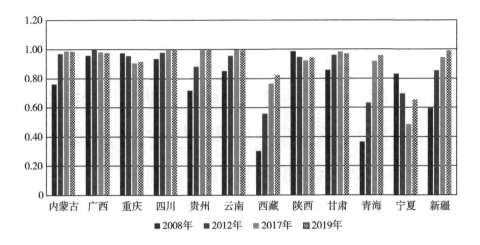

**图 7-1 重要时间节点西部地区 12 个省份资源环境承载力
监测预警系统三要素的耦合度**

由图 7-1 可知，2008~2019 年西部地区 12 个省份中广西、重庆、四川、云南、陕西、甘肃 6 个省份的资源环境承载力监测预警系统三要素的耦合度基本在高位波动，整体处于较高水平；内蒙古、贵州 2 个省份的资源环境承载力监测预警系统三要素的耦合度前期提升速度较快，而后在基本高位平稳运行；西藏、青海、新疆 3 个省份的资源环境承载力监测预警系统三要素的耦合度则呈现持续上升趋势；而宁夏的资源环境承载力监测预警系统三要素的耦合度则呈现出快速下降后大幅提升的趋势。

通过对照表 4-5 耦合协同度评判标准进一步可见，2008 年党的十七大刚召开后西部地区 12 个省份中资源环境承载力监测预警系统三要素的耦合度大于 0.8，即处于高水平耦合状态的有广西、重庆、四川、云南、陕西、甘肃、宁夏 7 个省份；耦合度大于 0.5 且小于 0.8，即处于磨合状态的有内蒙古、贵州、新疆 3 个省份；耦合度大于 0.3 且小于 0.5，即处于拮据状态的有西藏、青海 2 个省份。2012 年党的十八大召开时西部地区 12 个省份中资源环境承载力系统三要素的耦合度大于 0.8，即处于高水平耦合状态的增加到 9 个省份，增加了内蒙古、贵州、新疆 3 个省份，由磨合状态进入高水平耦合状态，减少了宁夏 1 个省份；耦合度大于 0.5 且小于 0.8，即处于磨合状态的有西藏、青海、宁夏 3 个省份，西藏和青海由拮据状态改善到磨合状态，而宁夏由高水平耦合状态恶化到磨合状态。2017 年党的十九大召开时，西部地区 12 个省份中资源环境承载力系统三要素的耦合度大于 0.8，即处于高水平耦合状态的增加到 10 个省份，增加了青海，由磨合状态改善到高水平耦合状态；耦合度大于 0.5 且小于 0.8，有西藏 1 个省份，仍然处于磨合状态；耦合度大于 0.3 且小于 0.5，即处于拮据状态的有宁夏 1 个省份，由磨合状态进一步恶化到拮据状态。至 2019 年时西部地区 12 个省份中资源环境承载力系统耦合度大于 0.8，即处于高水平耦合状态的省份增加到 11 个，增加了西藏，由磨合状态改善到高水平耦合状态；耦合度大于 0.5 且小于 0.8，有宁夏 1 个省份，由拮据状态改善到磨合状态。可见，2008~2019 年西部地区 12 个省份资源环境承载力系统三要素的耦合状态整体是改善的且大部分省份都处于高水平耦合状态，仅有宁夏 1 个省份呈现大幅下降且在党的十九大后又大幅上升的趋势。这一规律与西部地区各个省份资源环境承载力监测预警承载状态整体改善的趋势研判结果基本一致。宁夏呈现与其他省份反常的规律，其主要原因在于此期间，宁夏资源环境支撑力出现了大幅下降趋势，如支撑力专项评价指数从 2008 年的 25.19 下降到 2016 年的 21.26，下降了 3.93 个百分点，而后才开始反弹，意味着在此期间，宁夏资源环境整体支撑力在减弱，这与宁夏资源环境支撑力专项监测预警承载状态的研判结果也基本一致。

但是，高水平耦合状态并不意味着高水平协同发展状态。因为耦合度测度没有考虑系统整体发展水平，当系统整体处于低发展水平时，只要资源环境承载力系统三要素发展水平相近，也可能出现高水平耦合状态，即高水平耦合低水平协同的状态。而协同度不仅考虑了系统的耦合状态，还考虑了系统整体发展水平，因此，协同度能够更加准确地反映资源环境承载力系统的耦合协同发展状态。

7.2 "三生空间" 视角下西部地区资源环境承载力监测预警系统协同性测评

在第 5 章测算的 "三生空间" 视角下西部地区资源环境承载力监测预警综合集成评价指数基础上，通过式（4-30）、式（4-31）可计算出 2008～2019 年重要时间节点西部地区 12 个省份资源环境承载力监测预警中三个作用力监测预警状态，即生产活动施加压力监测预警状态、生活活动施加压力监测预警状态、资源环境支撑力监测预警状态三者之间的协同度，具体如图 7-2 所示。

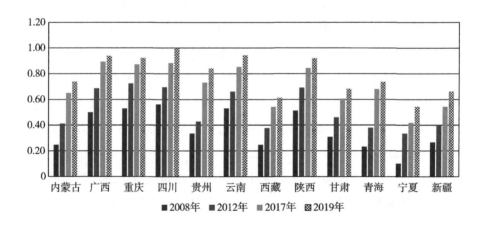

图 7-2 重要时间节点西部地区 12 个省份资源环境承载力监测预警系统三要素的协同度

由图 7-2 可知，2008～2019 年西部地区 12 个省份的资源环境承载力监测预警系统协同度都呈现持续上升趋势。其中，2008～2012 年西部地区 12 个省份的资源环境承载力监测预警系统三要素的协同度年均提升幅度分别为：内 蒙 古 0.0411、广 西 0.0469、重 庆 0.0489、四 川 0.0333、贵 州 0.0233、云南 0.0325、西藏 0.0326、陕 西 0.0446、甘 肃 0.038、青 海 0.0367、宁夏 0.0581、新疆 0.0339。2012~2017 年西部地区 12 个省份的资源环境承载力监测预警系统三要素的协同度年均提升幅度分别为：内蒙古 0.0478、广 西 0.0414、重 庆 0.0297、四 川 0.0375、贵 州 0.0606、云 南 0.0384、西 藏 0.033、陕 西 0.0304、甘 肃 0.029、青 海 0.0602、宁 夏 0.0168、新疆 0.0283。2017 年之后西部地区 12 个省份的资源环境承载力监测预警系统三要素的协同度年均提升幅度分别为：内蒙古 0.0434、广西 0.0225、重 庆 0.0247、四 川 0.0571、贵 州 0.0553、云 南 0.0448、西 藏 0.035、陕 西 0.0378、甘 肃 0.038、青 海 0.0271、宁 夏 0.0632、新 疆 0.0596。可见，党的十八大至党的十九大期间西部地区 12 个省份中有 6 个省份资源环境承载力监测预警系统三要素的协同度年均提升幅度明显大于党的十七大至党的十八大期间的年均提升幅度，占比 50%；自党的十九大以来，西部地区 12 个省份有 8 个省份的资源环境承载力监测预警系统三要素的协同度年均提升幅度明显大于党的十七大至党的十八大期间的年均提升幅度，占比 66.67%。因此，党的十八大后，特别是党的十九大后，西部地区 12 个省份资源环境承载力监测预警系统三要素的协同性整体改善速度明显加快，与第 5 章资源环境承载力监测预警承载状态的研判结果基本一致，这表示党的十八大以后国家实施生态文明战略，推进社会经济发展与生态环境改善良性互动取得了积极成效。同时，这也意味着资源环境承载力监测预警系统三要素的耦合协同性增强有利于促进资源环境承载力监测预警承载状态的改善，这也证明了"协同性越强，则对应的承载力越大、承载状态越优"的理论推断。

通过对照表 4-5 耦合协同度评判标准可进一步发现，2008 年党的十七大刚召开后西部地区 12 个省份中资源环境承载力监测预警系统三要素的协同度没有大于 0.8 的，意味着这一时期西部地区 12 个省份中没有达到高度协同状态的；协同度大于 0.5 且小于 0.8，即处于中度协同状态的有广西、重庆、四川、云南、陕西 5 个省份；协同度大于 0.35 且小于 0.5，即处于基本协同状态的没有；协同度大于 0.2 且小于 0.35，即处于轻度失调状态的有内蒙古、贵州、西藏、甘肃、青海、新疆 6 个省份；协同度大于 0 且小于 0.2，即处于严重失调的仅有宁夏。这与资源环境承载力监测预警承载状态研判的当前西部地区 12 个省份基本处于超载状态是一致的。

2012 年党的十八大召开时，西部地区 12 个省份中资源环境承载力监测预警系统三要素的协同度仍然没有大于 0.8，即西部地区 12 个省份中仍然没有达到高度协同状态的；协同度大于 0.5 且小于 0.8，即处于中度协同状态的仍然是广西、重庆、四川、云南、陕西 5 个省份；协同度大于 0.35 且小于 0.5，即处于基本协同状态的有内蒙古、贵州、西藏、甘肃、青海、新疆 6 个省份，意味着这 6 个省份从轻度失调状态改善到基本协同状态；协同度大于 0.2 且小于 0.35，即处于轻度失调状态的仅有宁夏 1 个省份，意味着宁夏也由严重失调状态改善到轻度失调状态。这与资源环境承载力监测预警承载状态研判的当前西部地区 12 个省份仍然大部分处于超载状态是一致的。

2017 年党的十九大召开时，西部地区 12 个省份中资源环境承载力监测预警系统三要素的协同度大于 0.8，即处于高度协同状态的有广西、重庆、四川、云南、陕西 5 个省份，意味着这 5 个省份由中度协同状态改善到高度协同状态；协同度大于 0.5 且小于 0.8，即处于中度协同状态的有内蒙古、贵州、西藏、甘肃、青海、新疆 6 个省份，意味着这 5 个省份由基本协同状态改善到中度协同状态；协同度大于 0.35 且小于 0.5，即处于基本协同状态的仅有宁夏 1 个省份，意味着宁夏也由轻度失调状态改善到基本协同状态。这与资源环境承载力监测预警承载状态研判的当前西部地区 12 个省份承载状态得到明显改善，且大部分省份承载状态从超载转向临界超载状态是一致的。

至 2019 年时，西部地区 12 个省份中资源环境承载力监测预警系统三要素的协同度大于 0.8，即处于高度协同状态增加到 6 个省份，增加了贵州，意味着贵州也由中度协同状态改善到高度协同状态；协同度大于 0.5 且小于 0.8，即处于中度协同状态的仍然有 6 个省份，减少了贵州，增加了宁夏，意味着宁夏也由基本协同状态改善到中度协同状态。这与资源环境承载力监测预警承载状态研判的当前西部地区 12 个省份承载状态得到进一步改善，且大部分省份承载状态从临界超载或超载转向可承载或临界超载状态是一致的。

可见，截至 2019 年西部地区 12 个省份中资源环境承载力系统一半处于高度协同状态，一半处于中度协同状态。这一点与资源环境承载力监测预警承载状态研判的 5 个省份处于可载状态、6 个省份处于临界超载状态、1 个省份处于超载状态也基本是一致的。另外，通过对比图 7-2 和图 7-1 可知，2017 年党的十九大前西部地区 12 个省份中有内蒙古、广西、重庆、四川、贵州、云南、陕西、甘肃、宁夏 9 个省份资源环境承载力监测预警系统三要素处于高水平耦合状态，而这一时期 9 个省份资源环境承载力监测预警系统三要素处于中度协同状态或基本协同状态或轻度失调状态，属于典型的高水平耦合低水平协同的状态，所以对应这一时期资源环境承载力监测预警承载状态也基本处于超载状态。因此，资源环境承载力监测预警系统三要素的耦合协同状态与资源环境承载力监测预警承载状态具有理论的一致性。

综上所述，2008~2019 年"三生空间"视角下西部地区资源环境承载力监测预警系统三要素的耦合协同状态呈现明显改善的发展趋势。"三生空间"视角下西部地区资源环境承载力监测预警系统三要素耦合协同状态的演进规律与其承载状态的演进规律基本是一致的。由于"三生空间"视角下西部地区资源环境承载力监测预警系统的构成要素是从"三生空间"中甄别筛选的代表性要素，不仅体现资源环境承载力特征，同时也体现了"三生空间"的特征，故"三生空间"视角下西部地区资源环境承载力监测预警系统三要素的耦合协同状态直接反映了"三生空间"耦合协同发展状态。因此，"三生空间"视角下西部地区资源环境承载力监测预警不仅揭示了"三生空间"的承载状态，同时揭示了"三生空间"耦合协同发展状态，"三生空间"视角下西部地区资源环境承载力监测预警所揭示的警源问题，也正是"三生空间"耦合协同发展面临的障碍问题，可作为推进"三生空间"优化布局的重要依据。

第8章 "三生空间"视角下西部地区提升资源环境承载力对策建议

根据前文监测预警实证分析，下面主要从优化资源环境支撑力、改善生产生活施加压力等方面探讨提升西部地区资源环境承载力的有关意见建议。

8.1 提升西部地区资源环境支撑力具体意见与对策建议

8.1.1 推进土地资源集聚开发，强化耕地资源保护

前文实证分析表明，重庆、四川、贵州、陕西、宁夏等西部省份存在土地资源开发强度偏高的问题。因此，应按照不同主体功能区的功能定位和发展方向，进一步优化西部地区"三生空间"布局结构优化，统筹重点城市集聚区地下与地上的国土空间的综合开发利用，重点加强西部地区12个省份土地资源开发集聚区建设，实行最严格的耕地保护制度，落实各级人民政府耕地保护目标责任制，重点建设滇中城市群、呼包鄂榆城市群、宁夏沿黄城市群、关中—天水城市群、兰州—西宁城市群、天山北坡城市群等区域集聚区建设力度，重点加强四川盆地、西双版纳山间河谷盆地、

关中平原、河西走廊、吐鲁番盆地等地区的优质耕地保护,控制非农建设占用耕地,坚决遏制西部地区因城市建设无序扩张带来土地资源过度开发,进而逐步改善西部地区的土地资源支撑力。

8.1.2 严格控制水资源开发强度,合理配置水资源

前文实证分析表明,宁夏、甘肃、新疆、内蒙古等西北省份存在水资源开发强度偏高的问题。因此,应该严格规划管理和水资源论证,控制流域和区域取用水总量,加强地下水超采治理,重点强化宁夏沿黄经济带、河西走廊经济带、天山北坡经济带、呼包鄂榆经济带等地下水严重超采区域的治理,严格实施取水许可和水资源有偿使用制度,合理安排农牧业、工业和城镇生活用水,根据水资源承载能力,合理确定土地开发规模,要优化水资源配置,严格限制高耗水工业和服务业发展,严禁挤占生态用水。

8.1.3 加强重要矿产资源勘查,强化矿产资源合理开发与保护

前文实证分析表明,重庆、宁夏等西部省份存在矿产资源不足、开采不合理等问题。因此,应积极推进西部地区实施找矿突破战略行动,充分发挥矿产资源储量丰富优势,完善西部地区以市场为导向的地质找矿新机制,促进地质找矿取得重大突破,促进矿产资源跨区域自由流动。严格落实新建和生产矿山环境治理恢复和土地复垦责任,完善矿山地质环境治理恢复等相关制度,依法制定有关生态保护和恢复治理方案并予以实施,加强矿山废污水和固体废弃物污染治理。下大力气推进内蒙古、青海、重庆等省份历史遗留矿山综合整治,加大矿山废弃土地污染的修复力度,积极推进矿山废弃土地的复垦利用。

8.1.4 坚持保护优先、自然恢复为主,强化生态环境的保护与修复

前文实证分析表明,西部大部分省份存在水环境污染、水土流失等生态环境问题。因此,应科学划定生态保护红线,严守环境质量底线,将大气、水、土壤等环境质量"只能更好,不能变坏"作为各级政府环保责

任红线，相应确定污染物排放总量限值和环境风险防控措施。严格保护和加快修复水生态系统，加强水源涵养区、江河源头区和湿地保护，开展内源污染防治，推进生态脆弱河流和地区水生态修复。加强嘉陵江、长江源头等流域水土流失防治，加强呼包鄂榆、宁夏沿黄、天山北坡等地区大气环境和水环境治理，加强天山北坡经济带、环塔里木河经济圈等区域湿地、草原生态系统的修复或重建，加强塔克拉玛干沙漠、乌兰布和沙漠、腾格里沙漠、柴达木盆地等自然生态保护区的建设，减少人类活动对区域生态环境的扰动损害，积极修复与恢复生态系统。同时，建立健全生态保护补偿、资源开发补偿等区际利益平衡机制，强化对生态功能区的利益补偿。

8.2 提升西部地区生产集约高效性的对策建议

8.2.1 优化农业结构，促进农业生产集约高效

前文实证分析表明，西部地区部分省份存在单位耕地产值低、农业机械化水平低、农业单位水耗产值低等农业生产集约高效程度偏低的问题。因此，西部地区应根据国家农业生产布局，严格控制农业生产空间对生态空间的挤占，立足优势资源，优化农业结构，加快粮食生产功能区、重要农产品生产保护区、特色农产品优势区等功能区建设，向广度和深度进军，推动乡村产业发展壮大。进一步深化农村集体产权制度改革，在有效盘活集体资产资源上下功夫，大力发展农村集体经济，提升农业水土资源利用效率和效益。加快大中型、智能化、复合型农业机械的研发与应用，促进农业机械化水平全程全面提升。特别是西北缺水省份，应全面加快推进节水技术改造，转变农业用水方式，全面提升农业用水效率和效益，同时加强农业生产环境保护治理，从严管控农业生产污染，完善绿色农业标准体

系,大力推进有机农业、生态农业发展。

8.2.2 严格控制工业用地,淘汰高污染、高能耗、高耗水企业

前文实证分析表明,西部地区部分省份存在工业用地占比偏高、单位工业用地产值偏低、单位工业能耗产值偏低、单位工业水耗产值偏低等工业生产集约高效程度偏低的问题。因此,西部地区应加大节约用地制度的执行力度,坚决清理整顿企业低效圈地问题,促进工业用地紧凑布局,建立完善工业用地使用标准控制制度,建立健全节约集约用地责任机制和考核制度,通过国土空间综合整治、城市有机更新,实现工业用地存量盘活和低效用地再开发,全面提升工业用地的效率与效益。大力推动产业生态化,严格控制高污染、高能耗、高水耗企业新增产能,不符合要求的高污染、高能耗、高水耗项目坚决减下来,大力推进传统产业绿色化转型升级,推动战略性新兴产业、高新技术产业加快发展,同时立足区域优势生态资源,构筑区域特色生态产业。

8.2.3 促进服务业紧凑布局,降低服务业发展地耗、能耗、水耗

前文实证分析表明,西部地区部分省份存在服务业用地占比偏高、单位服务业用地产值偏低、服务业产业结构层次低、服务业全员劳动生产率偏低等服务业生产集约高效程度偏低的问题。因此,西部地区应加大服务业节约集约用地制度的执行力度,强化服务业用地检查考核,促进服务业用地紧凑布局,大力推进服务业空间复合利用,提升服务业土地资源节约集约利用水平。强化服务业用水定额管理,加快制定高耗水服务业用水定额标准。同时,大力推进现代服务业发展,优化服务业结构,培育壮大绿色发展新动能。

8.3 提升西部地区生活适度宜居性的对策建议

8.3.1 促进城镇集约紧凑发展，提升城市生活适度宜居性

前文实证分析表明，西部地区部分省份存在城市人均生活用地面积偏高、城市人均生活能耗偏高、城市空气质量优良天数比例偏低、城市建成区绿化覆盖率偏低等城市生活适度宜居性偏低的问题。因此，西部地区应处理好城市国土空间利用上开源与节流、存量与增量、时间与空间的关系，结合地域特色，优化城市"三生空间"合理布局，合理布局城市规模、人口密度，严格控制城市建设用地新增规模，以建设美好人居环境为目标，促进城市空间集约紧凑发展，完善城市生态系统，补齐城市教科文卫短板，完善城市各类生活服务功能，倡导城市简约适度、绿色低碳生活方式，持续推进节约型机关、绿色学校、绿色医院、绿色社区、绿色家庭建设，完善和提升城市生活适度宜居性。

8.3.2 实施美丽乡村行动，建设适度宜居乡村

前文实证分析表明，西部地区部分省份存在乡村人均生活用地面积偏高、乡村人均生活能耗偏高、对生活污水进行处理的乡村占比偏低、乡村居民无害化厕所普及率偏低等乡村生活适度宜居性偏低的问题。因此，西部地区应持续加快推进"美丽乡村"建设，全面提升乡村住房设计和建造质量，建设功能现代、结构安全、成本经济、绿色环保、适度宜居的乡村住房，提升乡村生活用地节约集约水平。持续推进城乡公共服务均等化，提升乡村教师队伍素质与教育教学质量，提升乡村基本医疗服务能力，强化乡村改厕、污水和垃圾处理，推进乡村生活垃圾就地分类和资源化利用，推进小型化、生态化、分散化的乡村生活污水处理工艺，不断改善乡村生产生活环境，打造适度宜居美丽乡村。

第9章 结论与展望

9.1 研究结论

自西部大开发战略实施以来，西部地区社会经济建设虽然实现了长足发展，同时也带来了严重的环境污染和生态退化问题，由于生产空间、生活空间过度挤占生态空间，生态系统正面临较大压力，整体处于不安全状态。本书通过系统梳理相关研究文献，全面归纳总结资源环境承载力监测预警研究的学术争议问题，提出解决问题的研究假说并予以演绎推理，从"三生空间"视角探索创新资源环境承载力监测预警研究的理论与方法，构建更加科学的资源环境承载力监测预警体系，并以西部地区12个省份为例进行实证分析，准确研判西部地区12个省份资源环境承载力存在警情、警源，并据此提出改善西部地区资源环境承载力的对策建议。本书的主要研究结论如下：

第一，2008~2019年，西部地区12个省份资源环境承载力整体呈现逐步提升趋势。从时间节点来看，西部大部分省份资源环境承载力在党的十八大至党的十九大期间年均提升幅度明显大于党的十七大至党的十八大期间年均提升幅度，党的十九大之后西部大部分省份资源环境承载力年均提升幅度明显大于党的十八大至党的十九大期间年均提升幅度。从空间格局来看，重庆、四川、广西、云南等西南季风气候区的资源环境承载力明显高于内蒙古、西藏、甘肃、青海、宁夏、新疆等西北干旱半干旱区和青藏高原区。

第二，2008~2019年，西部地区12个省份资源环境承载力逐步提升主要是由生产生活活动对资源环境本底条件施加压力状况的整体改善带来的，即由于生产集约高效性和生活适度宜居性的整体水平提升，生产生活活动对山水林田湖草沙生态系统整体扰动损害程度降低所带来的；虽然资源环境本底条件支撑力也有所提升，即资源环境本底条件保护与修复及其整体生态服务功能有所改善，但提升幅度较小，对资源环境承载力提升的贡献有限。其中，生产集约高效性整体水平提升又主要是由生产高效性提升带来的，农业生产高效性的贡献率又明显小于工业和服务业生产高效性的贡献率；生活适度宜居性整体水平提升又主要是由生活宜居性提升带来的，城市生活宜居性与乡村生活宜居性的整体提升水平基本一致。

第三，2008~2019年，西部地区12个省份资源环境承载力综合承载状态整体呈现逐步改善状态的研判结果与资源环境承载力整体呈现逐步提升趋势的研判结果一致，证实了两种评价理念评价结果是一致的研究假说。截至2019年，西部地区部分省份资源环境承载力综合承载状态仍然存在临界超载、超载问题，其中内蒙古、贵州、甘肃、青海、新疆5个省份仍然存在临界超载问题，西藏、宁夏2个省份仍然存在超载问题，且临界超载、超载的警源又不尽相同。

第四，2008~2019年，西部地区部分省份出现临界超载、超载的警源主要是由土地资源开发强度偏高、耕地集约化利用水平偏低、水土流失面积比重偏高、江河湖泊Ⅳ类以上污染水体比例偏高、农业单位水耗产值低、工业企业集聚程度低、工业和服务业用地占比偏高、单位工业用地产值偏低、工业单位能耗产值偏低、城市人均生活用地面积偏高、城市人均生活能耗偏高、乡村人均生活用水量偏高、对生活污水进行处理的乡村占比偏低、乡村居民无害化厕所普及率偏低等因素造成的。

第五，2008～2019 年，"三生空间"视角下西部地区资源环境承载力监测预警系统三要素耦合协同状态呈现明显改善的发展趋势。"三生空间"视角下西部地区资源环境承载力监测预警系统三要素耦合协同状态演进规律与其承载状态演进规律是一致的。"三生空间"视角下西部地区资源环境承载力监测预警不仅揭示了"三生空间"的承载状态，同时揭示了"三生空间"耦合协同发展状态，"三生空间"视角下西部地区资源环境承载力监测预警所揭示的警源问题，也正是"三生空间"耦合协同发展面临的障碍问题，可作为推进"三生空间"优化布局的重要依据。

第六，2020～2025 年，西部地区 12 个省份资源环境承载力整体将会进一步提升，综合承载状态也将会进一步改善。至 2025 年，广西、重庆、四川、贵州、云南、陕西、内蒙古、青海、宁夏 9 个省份将呈现绿色可承载状态，西藏、甘肃、新疆 3 个省份将呈现蓝色临界超载状态。

9.2　研究不足与研究展望

9.2.1　研究不足

第一，由于研究涉及大量的数据收集整理，且部分数据收集难度大，本书只收集了近 12 年的样本数据，用于预测警情时样本容量明显偏小。且研究期内少部分数据的统计口径发生变化，如环境污染类数据统计口径在 2016 年发生变化，导致数据收集只能通过统计公报公布的旧统计口径相关数据进行推算，对统计公报未公布旧口径数据或其增长比例数据的，只能根据新口径数据增长比例进行推算，可能导致环境污染类数据不够准确。

第二，从空间尺度来看，由于数据收集困难，本书只收集了省级层面的数据进行实证分析，属于省级层面的宏观资源环境承载力评价研究，而没有按照国家资源环境承载力监测预警技术方法以县级行政区划为研究单元，进而降低了研究结论的实践指导价值，是本书的最大遗憾之一。

9.2.2 研究展望

本书从"三生空间"视角探索构建了资源环境承载力监测预警评价机制，并结合西部地区实际开展了实证研究，为西部地区提升资源环境承载力提供了理论支撑和决策参考。但是，由于数据收集困难，只从西部地区省级宏观层面进行了实证分析，而没有按照国家资源环境承载力监测预警技术方法以县级行政区划为研究单元，降低了研究结论的实践指导性。因此，仍需克服数据收集困难，开展以县级行政区划为研究单元的实证分析，是本书后续研究的重要议题之一。另外，将研究区域从西部地区扩展到其他区域，加强研究假说的实证检验，也是本书后续研究的重要议题之一。

参考文献

[1] 包群，彭水军，阳小晓 . 是否存在环境库兹涅茨倒 U 型曲线？——基于六类污染指标的经验研究 [J]. 上海经济研究，2005（12）：3-13.

[2] 曹根榕，顾朝林，张乔扬 . 基于 POI 数据的中心城区"三生空间"识别及格局分析——以上海市中心城区为例 [J]. 城市规划学刊，2019，249（2）：44-53.

[3] 陈百明 . 中国农业资源综合生产能力与人口承载能力 [M]. 北京：气象出版社，2001.

[4] 陈成忠，林振山 . 生态足迹模型的争论与发展 [J]. 生态学报，2008，28（12）：6252-6263.

[5] 陈锦泉，郑金贵 . 生态文明视角下的美丽乡村建设评价指标体系研究 [J]. 江苏农业科学，2016，44（9）：540-544.

[6] 陈婧，史培军 . 土地利用功能分类探讨 [J]. 北京师范大学学报（自然科学版），2005，41（5）：536-540.

[7] 陈晓雨婧，吴燕红，夏建新 . 甘肃省资源环境承载力监测预警 [J]. 自然资源学报，2019，34（11）：2378-2388.

[8] 陈子龙，王芳，李少英，等 . 基于多源数据的县域主导功能类型划分及其空间结构模式识别 [J]. 地球信息科学学报，2021，23（12）：2215-2231.

[9] 程婷，赵荣，梁勇．国土"三生空间"分类及其功能评价 [J].遥感信息，2018，32（2）：114-121.

[10] 楚明钦．生产性服务业集聚与城市土地集约化利用 [J].税务与经济，2013，189（4）：13-16.

[11] 崔丹，陈馨，曾维华．水环境承载力中长期预警研究：以昆明市为例 [J].中国环境科学，2018，38（3）：1174-1184.

[12] 崔家兴，顾江，孙建伟，罗静．湖北省三生空间格局演化特征分析 [J].中国土地科学，2018，32（8）：67-73.

[13] 戴云，詹长根．省域资源环境承载力评价指标体系构建研究——基于频率统计法和相关性—粗糙集理论 [J].湖北农业科学，2019，58（4）：32-38.

[14] 邓雪，李家铭，曾浩健，等．层次分析法权重计算方法分析及其应用研究 [J].数学的实践与认识，2012，42（7）：93-100.

[15] 丁同玉．资源—环境—经济（REE）循环复合系统诊断预警研究 [D].南京：河海大学，2007.

[16] 窦旺胜，王成新，薛明月，王召汉．基于POI数据的城市用地功能识别与评价研究——以济南市内五区为例 [J].世界地理研究，2020，29（4）：804-813.

[17] 段雪琴，赖旭，等．资源环境承载力监测预警长效机制制度化研究 [J].资源节约与环保，2019（11）：140-141.

[18] 樊杰，等．国家汶川地震灾后重建规划：资源环境承载能力评价 [M].北京：科学出版社，2009.

[19] 樊杰，孔维锋，刘汉初，赵艳楠．对第二个百年目标导向下的区域发展机遇与挑战的科学认知 [J].经济地理，2017b，37（1）：1-7.

[20] 樊杰，王亚飞，汤青，等．全国资源环境承载能力监测预警（2014版）学术思路与总体技术流程 [J].地理科学，2015，35（1）：1-10.

[21] 樊杰，王亚飞.40年来中国经济地理格局变化及新时代区域协调发展 [J].经济地理，2019，39（1）：1-7.

［22］樊杰，周侃，等．全国资源环境承载能力预警（2016 版）的基点和技术方法进展［J］．地理科学进展，2017a（3）：266-276.

［23］樊杰，周侃，孙威，陈东．人文—经济地理学在生态文明建设中的学科价值与学术创新［J］．地理科学进展，2013，32（2）：147-160.

［24］樊杰，周侃．以"三区三线"深化落实主体功能区战略的理论思考与路径探索［J］．中国土地科学，2021，35（9）：1-9.

［25］樊杰．地域功能—结构的空间组织途径——对国土空间规划实施主体功能区战略的讨论［J］．地理研究，2019，38（10）：2373-2387.

［26］樊杰．面向中国空间治理现代化的科技强国适应策略［J］．中国科学院院刊，2020，35（5）：564-575.

［27］樊杰．我国主体功能区划的科学基础［J］．地理学报，2007，62（4）：339-350.

［28］樊杰．中国人文地理学 70 年创新发展与学术特色［J］．中国科学：地球科学，2019，49（11）：1697-1719.

［29］樊杰．中国主体功能区划方案［J］．地理学报，2015，70（2）：186-201.

［30］樊杰．主体功能区战略与优化国土空间开发格局［J］．中国科学院院刊，2013，28（2）：193-206.

［31］方创琳，鲍超，张传国．干旱地区生态—生产—生活承载力变化情势与演变情景分析［J］．生态学报，2002，23（9）：1915-1923.

［32］方创琳，崔学刚，梁龙武．城镇化与生态环境耦合圈理论及耦合器调控［J］．地理学报，2019，74（12）：2529-2546.

［33］方创琳，贾克敬，李广东，王岩．市县土地生态—生产—生活承载力测度指标体系及核算模型解析［J］．生态学报，2017，37（15）：5198-5209.

［34］方创琳，杨玉梅．城市化与生态环境交互耦合系统的基本定律［J］．干旱区地理，2006，29（1）：1-8.

［35］方创琳．改革开放 40 年来中国城镇化与城市群取得的重要进展

与展望 [J]. 经济地理, 2018, 38 (9): 1-9.

[36] 方国华, 胡玉贵, 徐瑶. 区域水资源承载能力多目标分析评价模型及应用 [J]. 水资源保护, 2006, 22 (6): 9-13.

[37] 封志明, 李鹏. 承载力概念的源起与发展: 基于资源环境视角的讨论 [J]. 自然资源学报, 2018, 33 (9): 1475-1489.

[38] 封志明, 刘登伟. 京津冀地区水资源供需平衡及其水资源承载力 [J]. 自然资源学报, 2006, 21 (5): 689-699.

[39] 封志明, 杨艳昭, 闫慧敏, 等. 百年来的资源环境承载力研究: 从理论到实践 [J]. 资源科学, 2017, 39 (3): 379-395.

[40] 封志明, 杨艳昭, 游珍. 中国人口分布的水资源限制性与限制度研究 [J]. 自然资源学报, 2014, 29 (10): 1637-1648.

[41] 封志明, 杨艳昭, 游珍. 中国人口分布的土地资源限制性和限制度研究 [J]. 地理研究, 2014, 33 (8): 1395-1405.

[42] 冯朝红. 基于水资源承载力的西北地区农业可持续发展评估研究 [D]. 西安: 西安理工大学, 2021.

[43] 付金存, 李豫新, 徐匆匆. 城市综合承载力的内涵辨析与限制性因素发掘 [J]. 城市发展研究, 2014, 21 (3): 106-111.

[44] 傅伯杰. 区域生态环境预警的理论及其应用 [J]. 应用生态学报, 1993, 4 (4): 436-439.

[45] 高峰, 赵雪雁, 宋晓谕, 等. 面向 SDGs 的美丽中国内涵与评价指标体系 [J]. 地球科学进展, 2019, 34 (3): 295-305.

[46] 高国力, 李天健, 孙文迁. 改革开放四十年我国区域发展的成效、反思与展望 [J]. 经济纵横, 2018 (10): 26-35.

[47] 高吉喜. 可持续发展理论探索——生态承载力理论、方法与应用 [M]. 北京: 中国环境科学出版社, 2001.

[48] 高魏, 马克星, 刘红梅. 中国改革开放以来工业用地节约集约利用政策演化研究 [J]. 中国土地科学, 2013, 27 (10): 37-43.

[49] 顾朝林, 曹根榕. 论新时代国土空间规划技术创新 [J]. 北京规

划建设，2019（7）：64-70.

［50］国家发改委．关于印发《美丽中国建设评估指标体系及实施方案》的通知［Z］．2020.

［51］韩蕾，齐晓明，郝军．基于资源环境承载力约束的蒙古国资源开发水平研究［J］．干旱区资源与环境，2021，35（12）：93-99.

［52］赫尔曼·戴利，肯尼思·汤森．珍惜地球［M］．北京：商务印书馆，2001.

［53］赫特纳．地理学：它的历史、性质和方法［M］．王兰生，译．北京：商务印书馆，1983.

［54］洪阳，叶文虎．可持续环境承载力的度量及其应用［J］．中国人口·资源与环境，1998，8（3）：55-58.

［55］候德邵，晏克非，等．城市交通环境噪声承载力分析模型及算法［J］．计算机工程与应用，2008，44（18）：215-220.

［56］胡荣祥，徐海波，等．BP神经网络在城市水环境承载力预测中的应用［J］．人民黄河，2012，34（8）：79-81.

［57］扈万泰，王力国，舒沐晖．城乡规划编制中的"三生空间"划定思考［J］．城市规划，2016，40（5）：21-26+53.

［58］黄大全，洪丽璇，梁进社．福建省工业用地效率分析与集约利用评价［J］．地理学报，2009，64（4）：479-486.

［59］黄金川，林浩曦，漆潇潇．面向国土空间优化的三生空间研究进展［J］．地理科学进展，2017，36（3）：378-391.

［60］黄磊，邵超峰，孙宗晟，等．"美丽乡村"评价指标体系研究［J］．生态经济（学术版），2014（5）：392-398.

［61］黄南，丰志勇．城市农业的集约化经营评价——以江苏省13座城市为例［J］．城市问题，2011，192（7）：59-65.

［62］黄蕊，刘俊民，李燐楷．基于系统动力学的咸阳市水资源承载力［J］．排灌机械工程学报，2012，30（1）：57-63.

［63］贾滨洋，袁一斌，王雅潞，等．特大型城市资源环境承载力监测

预警指标体系的构建：以成都市为例［J］．环境保护，2018，46（12）：54-57．

［64］江东，林刚，付晶莹．"三生空间"统筹的科学基础与优化途径探析［J］．自然资源学报，2021，36（5）：1085-1101．

［65］江曼琦，刘勇．"三生"空间内涵与空间范围的辨析［J］．城市发展研究，2020，27（4）：43-61．

［66］姜磊，柏玲，吴玉鸣．中国省域经济、资源与环境协调分析——兼论三系统耦合公式及其扩展形式［J］．自然资源学报，2017，32（5）：788-799．

［67］金凤君，马丽，许堞．黄河流域产业发展对生态环境的胁迫诊断与优化路径识别［J］．资源科学，2020，42（1）：127-136．

［68］金菊良，陈梦璐，郦建强，等．水资源承载力预警研究进展［J］．水科学展，2018，29（4）：131-144．

［69］孔冬艳，陈会广，吴孔森．中国"三生空间"演变特征、生态环境效应及其影响因素［J］．自然资源学报，2021，36（5）：1116-1135．

［70］雷勋平，邱广华．基于熵权 TOPSIS 模型的区域资源环境承载力评价实证研究［J］．环境科学学报，2016，36（1）：314-323．

［71］李广东，方创琳．城市生态—生产—生活空间功能定量识别与分析［J］．地理学报，2016，71（1）：49-65．

［72］李江苏，孙威，余建辉．黄河流域三生空间的演变与区域差异——基于资源型与非资源型城市的对比［J］．资源科学，2020，42（12）：2285-2299．

［73］李欣，殷如梦，方斌，李在军，王丹．基于"三生"功能的江苏省国土空间特征及分区调控［J］．长江流域资源与环境，2019，28（8）：1833-1846．

［74］李研，刘艳芳，王程程．基于 AHP—熵权 TOPSIS 法的湖北省县域资源环境承载力评价和空间差异分析［J］．资源与产业，2017，19（4）：41-51．

［75］李云玲，郭旭宁，郭东阳，等．水资源承载能力评价方法研究及应用［J］．地理科学进展，2017，36（3）：342-349.

［76］李志英，李媛媛，汪琳，裴玉力．云南省国土空间"三生"功能特征及分区优化研究［J］．生态经济，2021，37（6）：94-101.

［77］刘殿生．资源与环境综合承载力分析［J］．环境科学研究，1995，8（5）：7-12.

［78］刘纪远，宁佳，匡文慧，徐新良，等．2010-2015年中国土地利用变化的时空格局与新特征［J］．地理学报，2018，73（5）：789-802.

［79］刘继来，刘彦随，李裕瑞．中国"三生空间"分类评价与时空格局分析［J］．地理学报，2017，72（7）：1290-1304.

［80］刘丽颖，官冬杰，杨清伟．基于人工神经网络的喀斯特地区水资源安全评价［J］．水土保持通报，2017，37（2）：207-214.

［81］刘天科．区域资源环境承载力评价方法及应用研究——以广西北部湾经济区为例［D］．北京：中国地质大学，2016.

［82］刘勇．城市空间利用优化的目标与方式："三生"空间视角［J］．管理现代化，2020（4）：84-87.

［83］卢青，胡守庚，叶菁．县域资源环境承载力评价研究——以湖北省团风县为例［J］．中国农业资源与区划，2019，40（1）：103-109.

［84］鲁达非，江曼琦．城市"三生空间"特征、逻辑关系与优化策略［J］．河北学刊，2019，39（2）：156-166.

［85］陆大道．关于"点—轴"空间结构系统的形成机理分析［J］．地理科学，2002，22（1）：1-6.

［86］陆大道．论区域的最佳结构与最佳发展——提出"点—轴系统"和"T"型结构以来的回顾与再分析［J］．地理学报，2001，56（2）：127-135.

［87］陆铭．城市承载力是个伪命题［J］．商业周刊（中文版），2017（24）：8-9.

［88］陆旸，郭路．环境库兹涅茨倒U型曲线和环境支出的S型曲线：一

个新古典增长框架下的理论解释 [J]. 世界经济, 2008 (12): 82-92.

[89] 罗富民, 段豫川. 农业集约化发展的内在机理与制约因素分析 [J]. 华中农业大学学报 (社会科学版), 2013, 105 (3): 59-63.

[90] 马爱锄. 西北开发资源环境承载力研究 [D]. 杨林: 西北农林科技大学, 2003.

[91] 马国庆, 赵金梅, 冯丽媛, 宋文泽. 基于宗地尺度的建设用地节约集约利用评价和潜力规模测算——以宁夏吴忠市利通区为例 [J]. 宁夏大学学报 (自然科学版), 2021, 42 (3): 1-7.

[92] 马世发, 黄宏源, 蔡玉梅, 念沛豪. 基于三生功能优化的国土空间综合分区理论框架 [J]. 中国国土资源经济, 2014, 324 (11): 31-34.

[93] 马延吉, 王宗明, 王江浩, 等. 典型区"美丽中国"全景评价指标体系构建思路 [J]. 遥感技术与应用, 2020, 35 (2): 287-294.

[94] 毛丹妮. 中小城市工业用地集约化利用对策研究——金华市区的案例分析 [J]. 湖北科技学院学报, 2014, 34 (6): 3-13.

[95] 毛汉英, 余丹林. 区域承载力定量研究方法探讨 [J]. 地球科学进展, 2001, 16 (4): 549-555.

[96] 宁佳, 刘纪远, 邵全琴, 等. 中国西部地区环境承载力多情景模拟分析 [J]. 中国人口·资源与环境, 2014, 24 (11): 136-146.

[97] 牛方曲, 封志明, 刘慧. 资源环境承载力评价方法回顾与展望 [J]. 资源科学, 2018, 40 (4): 655-663.

[98] 齐亚彬. 资源环境承载力研究进展及其主要问题剖析 [J]. 中国国土资源经济, 2005, 18 (5): 7-11.

[99] 邱鹏. 西部地区资源环境承载力评价研究 [J]. 软科学, 2009, 23 (6): 66-69.

[100] 沈琴琴, 王玥, 黄悦, 等. 改进初值的灰色 Verhulst-Markov 模型及其应用 [J]. 统计与决策, 2020 (7): 30-33.

[101] 盛科荣, 樊杰, 杨昊昌. 现代地域功能理论及应用研究进展与展望 [J]. 经济地理, 2016, 36 (12): 1-7.

［102］盛科荣，樊杰．地域功能的生成机理：基于人地关系地域系统理论的解析［J］．经济地理，2018，38（5）：11-19.

［103］施雅风，曲耀光．乌鲁木齐河流域水资源承载力及其合理利用［M］．北京：科学出版社，1992.

［104］石忆邵，尹昌应，王贺封，谭文垦．城市综合承载力的研究进展及展望［J］．地理研究，2013，32（1）：133-145.

［105］宋小青，欧阳竹，柏林川．中国耕地资源开发强度及其演化阶段［J］．地理科学，2013，32（2）：135-142.

［106］宋子成，孙以萍．从我国淡水资源看我国现代化后能养育的最高人口数量［J］．人口与经济，1981（4）：3-7.

［107］苏贤保，李勋贵，赵军峰．水资源—水环境阈值耦合下的水资源系统承载力研究［J］．资源科学，2018，40（5）：1016-1025.

［108］孙久文，李恒森．我国区域经济演进轨迹及其总体趋势［J］．改革，2017，281（7）：18-29.

［109］孙阳，王佳韡，伍世代．近35年中国资源环境承载力评价：脉络、热点及展望［J］．自然资源学院，2022，37（1）：34-58.

［110］孙永胜，佟连军．吉林省限制开发区域资源环境承载力综合评价［J］．自然资源学报，2021，36（3）：634-645.

［111］陶纪明，徐珺，等．上海建设用地现状、情景及集约化研究［J］．科学发展，2012（10）：3-13.

［112］王亮，刘慧．基于PS-DR-DP理论模型的区域资源环境承载力综合评价［J］．地理学报，2019，74（2）：340-352.

［113］王威，胡业翠，张宇龙．三生空间结构认知与转化管控框架［J］．中国土地科学，2020，34（12）：25-33.

［114］王亚飞，樊杰，周侃．基于"双评价"集成的国土空间地域功能优化分区［J］．地理研究，2019，38（10）：2415-2429.

［115］王颖，刘学良，魏旭红，郁海文．区域空间规划的方法和实践初探——从"三生空间"到"三区三线"［J］．城市规划学刊，2018，244

(4)：65-74.

[116] 王宇鹏. 基于系统动力学的水资源承载力评价研究 [J]. 工业安全与环保，2013，39（2）：38-41.

[117] 王正新，党耀国，刘思峰. 无偏灰色 Verhulst 模型及其应用 [J]. 系统工程理论与实践，2009，29（10）：138-144.

[118] 魏小芳，赵宇鸾，李秀彬，等. 基于 "三生功能" 的长江上游城市群国土空间特征及其优化 [J]. 长江流域资源与环境，2019，28（5）：1070-1079.

[119] 吴次芳，叶艳妹，吴宇哲，等. 国土空间规划 [M]. 北京：地质出版社，2019.

[120] 武占云，单菁菁. 城市 "三生空间" 格局演化与优化对策研究 [J]. 城市，2019（10）：15-26.

[121] 武占云. "三生" 空间优化及京津冀生态环境保护 [J]. 城市，2014（12）：26-29.

[122] 夏辉，柴春岭，韩会玲. 河北省耕地土壤水资源承载力评价体系与阈值研究 [J]. 河北农业大学学报，2015，38（5）：105-110.

[123] 夏军，朱一中. 水资源安全的度量：水资源承载力的研究与挑战 [J]. 自然资源学报，2002，17（3）：262-269.

[124] 谢炳庚，向云波. 美丽中国建设水平评价指标体系构建与应用 [J]. 经济地理，2017，37（4）：15-20.

[125] 谢高地，鲁春霞，冷允法，等. 青藏高原生态资产的价值评估 [J]. 自然资源学报，2003，18（2）：189-196.

[126] 谢俊奇，蔡玉梅，郑振源，等. 基于改进的农业生态区法的中国耕地粮食生产潜力评价 [J]. 中国土地科学，2004，18（4）：31-37.

[127] 徐大海，王郁. 确定大气环境承载力的烟云足迹法 [J]. 环境科学学报，2013，33（6）：1734-1740.

[128] 徐勇，张雪飞，李丽娟，等. 我国资源环境承载约束地域分异及类型划分 [J]. 中国科学院院刊，2016，31（1）：34-43.

[129] 徐中民，程国栋，张志强. 生态足迹方法的理论解析 [J]. 中国人口·资源与环境，2006，16 (6)：69-78.

[130] 许明军，冯淑怡，苏敏，等. 基于要素供容视角的江苏省资源环境承载力评价 [J]. 资源科学，2018，40 (10)：1991-2001.

[131] 阎东彬. 京津冀城市群综合承载力测评与预警研究 [D]. 保定：河北大学，2016.

[132] 杨春宇. 基于复杂系统理论的旅游地环境承载力合理阈值量测研究 [J]. 中国人口·资源与环境，2009，19 (3)：163-168.

[133] 杨渺，甘泉，叶宏，等. 四川省资源环境承载力预警模型构建 [J]. 四川环境，2017，36 (1)：144-151.

[134] 杨勤业，郑度，吴绍洪. 中国的生态地域系统研究 [J]. 自然科学进展，2002，12 (3)：287-291.

[135] 杨正先，张志锋，韩建波，等. 海洋资源环境承载能力超载阈值确定方法探讨 [J]. 地理科学展，2017，36 (3)：313-319.

[136] 尧德明，等. 海南省土地开发强度评价研究 [J]. 河北农业科学，2008，12 (1)：86-87+90.

[137] 叶有华，韩宙，孙芳芳，等. 小尺度资源环境承载力预警评价研究——以大鹏半岛为例 [J]. 生态环境学报，2017，26 (8)：1275-1283.

[138] 于贵瑞，张雪梅，赵东升，等. 区域资源环境承载力科学概念及其生态学基础的讨论 [J]. 应用生态学报，2022，33 (3)：577-590.

[139] 岳文泽，代子伟，高佳斌，等. 面向省级国土空间规划的资源环境承载力评价思考 [J]. 中国土地科学，2018，32 (12)：66-73.

[140] 岳文泽，王田雨. 资源环境承载力评价与国土空间规划的逻辑问题 [J]. 中国土地科学，2019，33 (3)：1-8.

[141] 岳文泽，吴桐，王田雨，等. 面向国土空间规划的"双评价"：挑战与应对 [J]. 自然资源学报，2020，35 (10)：2299-2310.

[142] 曾维华，王华东，薛纪渝，等. 人口、资源与环境协调发展关键问题之一：环境承载力研究 [J]. 中国人口·资源与环境，1991，

1 (2)：33-37.

[143] 曾维华，杨月梅，陈荣昌，等．环境承载力理论在区域规划环境影响评价中的应用 [J]．中国人口·资源与环境，2007，17 (6)：27-31.

[144] 张超，杨艳昭，封志明，等．基于人粮关系的"一带一路"沿线国家土地资源承载力时空格局研究 [J]．自然资源学报，2022，37 (3)：616-626.

[145] 张传国，方创琳，全华．干旱区绿洲承载力研究的全新审视与展望 [J]．资源科学，2002，24 (2)：181-187.

[146] 张海朋，何仁伟，李光勤．大都市区城乡融合系统耦合协调度时空演化及其影响因素——以环首都地区为例 [J]．经济地理，2020，40 (11)：56-67.

[147] 张红旗，许尔琪，朱会义．中国"三生用地"分类及其空间格局 [J]．资源科学，2015，37 (7)：1332-1338.

[148] 张乐勤．基于 TOPIS 最优的资源环境承载能力预警判别与趋势预测 [J]．河南大学学报（自然科学版），2019，49 (2)：161-171.

[149] 张蕾．"三生用地"转型的生态系统服务价值效应——以营口市为例 [J]．生态学杂志，2019，38 (3)：838-846.

[150] 张林波，李兴，李文华，等．人类承载力研究面临的困境与原因 [J]．生态学报，2009，29 (2)：889-897.

[151] 张茂鑫，吴次芳，李光宇，等．资源环境承载力评价的再认识：资源节约集约利用的视角 [J]．中国土地科学，2020，34 (8)：98-106.

[152] 张青，任志强．中国西部地区生态承载力与生态安全空间差异分析 [J]．改革，2013，33 (2)：230-235.

[153] 张玉环，余云军，龙颖贤，等．珠三角城镇化发展重大资源环境约束探析 [J]．环境影响评价，2015，37 (5)：14-27+23.

[154] 张真源，黄锡生．资源环境承载能力监测预警的制度功能与完善 [J]．北京理工大学学报（社会科学版），2019，21 (1)：162-170.

[155] 郑度．关于地理学的区域性和地域分异研究 [J]．地理研究，

1998, 17 (1): 4-8.

[156]《中国土地资源生产能力及人口承载量研究》课题组. 中国土地资源生产能力及人口承载量研究 [M]. 北京: 中国人民大学出版社, 1991.

[157] 周浩, 金平, 夏卫生. 省级国土空间"三生"功能评价及其分区研究——以河南省为例 [J]. 中国土地科学, 2020, 34 (8): 10-17.

[158] 周进生, 朱瑞兵. 小城镇建设用地集约化的熵值法分析——以安徽省五河县为例 [J]. 城乡建设, 2010 (6): 62-63.

[159] 周侃, 樊杰, 王亚飞, 等. 干旱半干旱区水资源承载力评价及空间规划指引——以宁夏西海固地区为例 [J]. 地理科学, 2019, 39 (2): 232-241.

[160] 朱琳, 程久苗, 金晶, 等. "三生"用地结构的空间格局及影响因素研究——基于 284 个城市面板数据 [J]. 中国农业资源与区划, 2018, 39 (8): 104-115.

[161] 朱一中, 夏军, 王纲胜. 西北地区水资源承载力宏观多目标情景分析与评价 [J]. 中山大学学报(自然科学版), 2004, 43 (3): 103-106.

[162] 卓蓉蓉, 余斌, 曾菊新, 郭新伟, 王明杰. 中国重点农区乡村地域功能演变及其影响机理——以江汉平原为例 [J]. 地理科学进展, 2020, 39 (1): 56-68.

[163] 左其亭, 马军霞, 高传昌. 城市水环境承载能力研究 [J]. 水科学进展, 2005, 16 (1): 103-108.

[164] Arrow K, Bolin B, Costanza R, et al. Economic Growth, Carrying Capacity, and the Environment [J]. Science, 1995, 15 (2): 91-95.

[165] Bishop A, Fullerton, et al. Carrying Capacity in Regional Environment Management [M]. Washington: Government Printing Office, 1974.

[166] Botkin D B. Discordant Harmonies: A New Ecology for the 21 Thcentury [M]. Oxford: Oxford University Press, 1990.

[167] Buckley R. An Ecological Perspective on Carrying Capacity [J]. Annals of Tourism Research, 1999, 26 (3): 705-708.

[168] Cohen J E. Population, Economics, Environmental and Culture: An Introduction to Human Carrying Capacity [J]. Journal of Applied Ecology, 1997 (34): 1325-1333.

[169] Daily G C, Ehrlich P R. Soci-economic Equity, Sustainability, and Earth's Carrying Capacity [J]. Ecological Applications, 1996, 6 (4): 991-1001.

[170] Falkenmark M, Lundqvist J. Towards Water Security: Political Determination and Human Adaptation Crucial [J]. Natural Resources Forum, 1998, 21 (1): 37-51.

[171] Falkenmark M, J Lundquist, C Widstrand. Macro-scale Water Scarcity Requires Micro-scale Approaches: Aspects of Vulnerability in Semiarid Development [J]. Natural Resources Forum, 1989, 13 (4): 258-267.

[172] FAO. Potential Population Supporting Capacities of Lands in the Developing World [R]. Rome: Food and Agriculture Organization of the United Nations, 1982.

[173] Hoekstar A Y, Hung P Q. Globalization of Water Resources: International Virtual Water Flows in Relation to Crop Trade [J]. Global Environmental Change, 2005, 15 (1): 45-56.

[174] Hutchinson G E. An Introduction to Population Ecology [M]. New Haven: Yale University Press, 1978.

[175] Jie F, Yafei W, Zhiyun O Y, et al. Risk Forewarning of Regional Development Sustainability Based on a Natural Resources and Environmental Carrying Index in China [J]. Earth's Future, 2017, 5 (2): 196-213.

[176] Kyushik O, Jeong Y, Lee W, et al. Determining Development Density Using the Urban Carrying Capacity Assessment System [J]. Landscape and Urban Planning, 2005, 73 (1): 1-15.

[177] Lindberg K, Mc Cool S, Stankey G. Rethinking Carrying Capacity [J]. Annals of Tourism Research, 1997, 24 (2): 461-465.

[178] Malthus T R. An Essay on the Principle of Population [M]. London:

Pickering, 1798.

[179] Onishi T. A Capacity Approach for Sustainable Urban Development: An empirical Study [J]. Regional Studies, 1994, 28 (1): 39–51.

[180] Paracchini M L, Pacini C, Jones M L M, et al. An Aggregation Framework to Link Indicators Associated with Multifunctional Land Use to the Stakeholder Evaluation of Policy Options [J]. Ecological Indicators, 2011, 11 (1): 71–80.

[181] Park R E, Burgoss E W. Introduction to the Science of Sociology [M]. Chicago: The University of Chicago Press, 1921.

[182] Price D. Carrying Capacity Reconsidered [J]. Population and Environment, 1999, 21 (1): 5–26.

[183] Raskin P P, Gleick P, Kirshen G, et al. Waer Futures: Assessment of Longrange Patterns and Prospects [M]. Stockholm, Stockholm Environment Institute, 1997.

[184] Rees W E. Ecological Footprints and Appropriated Carrying Capacity: What Urban Economics Leaves out [J]. Environment and Urbanization, 1992, 4 (2): 121–130.

[185] Rees W E. Revisiting Carrying Capacity: Area–based Indicators of Sustainability [J]. Population and Environment, 1996, 17 (3): 195–215.

[186] Rijisberman M A, Ven F. Different Approaches to Assessment of Design and Management of Sustainable Urban Water System [J]. Environment Impact Assessment Review, 2000, 129 (3): 333–345.

[187] Sayre N F. The Genesis, History, and Limits of Carrying Capacity [J]. Annals of the Association of American Geographers, 2008, 98 (1): 120–134.

[188] Schneide R W A. Integral Formulation for Migration in Two and Three Dimensions [J]. Geophysics, 1978 (1): 49–76.

[189] Seidl I, Tisdell C A. Carrying Capacity Reconsidered: From Malthus'

Population Theory to Cultural Carrying Capacity [J]. Ecological Economics, 1999, 31 (3): 395-408.

[190] Slesser M. Enhancement of Carrying Capacity Option ECCO [M]. London: The Resource Use Institute, 1990.

[191] Thomas L Saaty. Decision Making-The Analytic Hierarchy and Network Processes (AHP/ANP) [J]. Journal of Systems Science and Systems Engineering, 2004, 13 (1): 1-35.

[192] UNESCO, FAO. Carrying Capacity Assessment with a Pilot Study of Kenya: A Resource Accounting Methodology for Exploring National Options for Sustainable Development [R] . Rome: Food and Agriculture Organization of the United Nations, 1985.

[193] Varis O, Vakkilainen P. China's 8 Challenges to Water Resources Management in the First Quarter of the 21st Century [J]. Geo Morphology, 2001, 41 (2-3): 93-104.

[194] Verhulst P F. Notice Sur La Loi Que La Population Suit Dans Son Accroissement. Corresp [J]. Math. Phys, 1838 (10): 113-121.